運命を変えた大数学者のドアノック

プリンストンの奇跡

運命を変えた数学者のドアノック

プリンストンの奇跡

加藤五郎
Goro C. Kato

岩波書店

いのちを授り、育ててくれた父と母にこの本を献げます

まえがき

アンドレ・ヴェイユの驚くべき人生を綴った自伝『ある数学者の修業時代』には、二〇世紀欧州史における激動の人生ドラマ、また数学史においても稀に見る飛躍の時代を網羅する貴重な証言の記録があります。一方、ヴェイユの予想が引き金となって代数幾何学を生まれ変わらせたその革命の立役者であるグロタンディエックの『収穫と蒔いた種と』は、フランス学派のエコール・ノルマル出身が主のブルバキのメンバーの作品とは異なる存在であり、かつ外国人数学革命者の証言として、これまた稀に見る貴重な文献でしょう。『収穫と蒔いた種と』には第一にグロタンディエックの晩年の思いが凄まじく延々と綴られており、そして第二にもう一人の主人公とも言えるドゥリングにも触れた貴重な文献です。

これから始めるメモアールともいうべき本書は、数学者と数学を中心に普通の数学者である筆者に次から次へと起きた思いもよらぬ半世紀の体験記です。すなわち、このメモアールは愛知県三河地方に生まれた団塊の世代の日本人の半世紀にわたるアメリカ生活における実体験のお話です。いわゆる「偉い人」とか「立派な人」の人生は、私のような人間にはとかく真似のできるものではありません。偉大な人の生き方というものは、理想を掲げる上では参考になるかもしれませんが、と

かく非現実的なものです。ここに描こうとしているメモアールはあくまでも

凡人による、凡人のための

証言です。言うに及ばないこととはいえ、この時点ではっきりと申し上げます。このメモアールには確かに歴史に名を残すような数学者の名がどんどん出てきますが筆者の数学レベルはそういった方々とは程遠いということです。大変残念なことですが、これは事実ですから仕方ありません。

サイモンズ財団の主催する科学者インタビューシリーズ(science lives)の《Pierre Deligne》(二〇一二年六月一九日)の中で、筆者の数学上の祖父にあたるJ・テイトはドゥリングを「最も偉大な数学者であり、そして数学史上においても最も偉大な数学者の一人」と言い、また、J-S・セールが「現存の数学者の内で誰よりも優れているであろう」と語っています。そんな数学者ドゥリングの人間味あふれる人物像を、本書のなかで見ることになるでしょう。

若い方とか中年の方々はまだどうかわかりませんが、団塊の世代に生まれた私のように七〇歳前後になると、今までの人生(少し大げさな言葉ではありますが、これからは人生という言葉を使わせていただきます)において、この世の見方が大きく変わったときとでも言うのでしょうか、人生の節目に数回は出会っているものです。

これから書く自己体験に滑稽さは期待してもらっていいですが、深遠な内容とかは期待しないでください。しかし、いったいどこまでが偶然なのか、思いもよらなかった幸運と不運が次から次へ

と起こり、切羽詰まった危機、そして凡人ならではといったユーモアいっぱいの経験はおおいにありました。言うなれば、コネもなく親戚もいないアメリカ社会へ突入して経験した半世紀の旅を綴ったメモアールです。つまずいたり、傷ついたり、ひどい恥をかいたり、仰天したりの凸凹な道中には凡人でしか味わえない独特の面白さといったものが多くあるかと思います。

本文の内容をより詳しく理解するための説明を注(巻末)としていくつか添えましたが、本文と同じウエートを持っております。

米国カリフォルニア州サンルイスオビスポ市にて

加藤・C・五郎

目次

1

まさか、あのドゥリングが

はっ！ として、「視野の狭い、ぼ〜っとした眠り」から目が覚めました
——ヘルマン・ワイル『精神と自然』

パラダイムシフトを起こした「ノック」

この小見出しにある「ノック」とは、一九八六年四月一三日(日)雨が降ったり止んだりの日の朝[1]一〇時頃、一階にある私のアパート１０９Ｆのドアでしたノックのことです。学生時代からの生活リズムで、寝るのは夜中の三時半前後、起きるのはお昼近い一一時半頃という生活をつづけていましたので、このノックで目が覚めてしまい「誰だぁ、こんな朝早く起こしやがって、う〜ん」とブツブツ文句を言いながらドアを開けたら、とっさに目が覚めました。その光景を大袈裟に表現すれば、そこに立っていたのは、朝日をまるで後光のように背に浴びたＰ・ドゥリング(Pierre Deligne、

日本語ではドリーニュと表記されることもある)でした。

この大数学者を知らない方へひとこと。ドゥリングは、日本人では小平邦彦、広中平祐、森重文という方々が受賞した数学のノーベル賞と言われるフィールズ賞受賞後、クラフォード賞、アーベル賞を受賞しました。こんな賞の名をいくら掲げても、その人の人間味溢れる人格の紹介には何の足しにもなりませんが、これからつづく本文ではこのドゥリングの人となりを彷彿させるように描きたいと思っています。このメモアールにはフィールズ賞とかノーベル賞とかの受賞者がかなり多く登場しますが、それをいちいち書かないことにしました。賞を決める委員のメンバーの偏りで、一人の受賞者に対して紙一重で受賞とはならなかった優れた学者が何人もおいでになるだろうと思いあえて強調しないことにしました[2]。

この日からです、数学上のお付き合いというよりは一人の友としてドゥリングとの家族ぐるみの交流の始まりは。一九八六年におけるプリンストン高等研究所[3][4]最初の訪問で、まさにこのノックで人生のパラダイムが動いたと思いました。なぜなら、この偉大な数学者の日々の生活への構えとか、さながら子供のような明るい自然さ、俳句のようなエッセンスのみしか口にしない、そしておこなわない言動から強烈な影響を受けたからです。

この日曜日の朝の訪問は、プロフェッサー・ドゥリング[5]から「(クロスロード保育園[6]の)子供の遊び場を作るボランティアに一緒に行きませんか」というお誘いでした。ボランティア的なことはあまり好きではないのですが、このときばかりは「待ってました!」と言わんばかりに突如やる気満々になりました。シャワーも浴びずにクロスロード保育園に向かいました。

その日はボランティアとして五、六人が来ていました。ジャングルジムとか木製の吊り橋とかを作るためにボルトを締めたり、地面に穴を掘ったりする肉体労働です。その間、ドゥリングは掘った穴に二度も落ちたり、頭を木の柱にぶつけるなどしたので、「あまり頭を強く打たないようにしてくださいさい、数学史に影響を与えるかもしれないから……」なんてことを一人で思ったりしていました。直径が一五センチメートルくらいの木の柱を掘った穴に差し込むため持ち上げようとしたのですが重くて持ち上がりません。そのときドゥリングが私のほうを見ながら「*This is not liftable.*」(7) と数学の駄洒落を言いながらスマイルしたのを思い出します。

ボランティアの仕事は午後の二時半頃には一応終わりました。そうしたら、ドゥリングに「自転車を貸すから家に一緒に行きましょう」と言われ、研究所の森の端にある家までついて行って、そこでコーヒーをいただきました。ドゥリングの身長は一八〇センチメートル以上なので、貸してくれた彼の自転車の座るところが高すぎ、私の脚の長さに合うように調整してもらいました。自転車のことはご自分でだいたいは修理ができて、その後パンクしたときも直してもらいました。

その日のことを書いた日記を見ると、かの有名なドゥリングの家でコーヒーをご馳走になり自転車までも貸していただくということが信じがたいと、日記からもそのときの興奮が読み取れます。その日の日記に「あの穏やかな人がヴェイユ－リーマン予想を証明した人なのかぁ〜」とか、「まさか、ドゥリング家の人たちと日曜日を過ごすとは夢にも思わなかった」とあります。

しかし、この最初の訪問後、プリンストン高等研究所に私が滞在中の夕食はドゥリング家で毎日取る（ときには朝食も）ことになり、さらに玄関から入って行くとき、ノックしないでいいと言われています。ですので、それ以来ノックしないで入って行きます。(8) 偶然にも(9)ドゥリングの息子さんは誕生日が私の息子と一カ月違いの一九八五年生まれです。娘さんは三つ年上です。子供たちに「明日は何時に来ようか、五時でいいね」と聞くと、「四時半のほうがいい」と言うのが毎日の決まり切った返事、それで結局は四時三〇分に行くということになります。

滞在中は、二人の子供たちとは毎日、すなわち週に七日遊ぶのが日課でした。研究所では、私が常々ドゥリングの家から出てくるので、研究所のメンバーには「どのような問題にドゥリングと取り組んでいるのか」と尋ねられることがありました。そんなとき、私の返事は決まって「別にこれといって何も、……強いて言えば、一緒にやっていることは、ドゥリングのお子さんたちと毎日遊んでいることとくらいかなあ」と答えておきました。

しかし、最初にお目にかかったとき以来、思いました、「このドゥリングという大数学者、いったいどんな人なのだろう」と。しかし不思議です。ご夫妻そろって非社交的であり、なんでまた私のような（程度の）人間と親しくしてくださるのか、それは今でもわかりません。その頃は子供が小さかったのでよく子供の教育について話しました。夫人は二人の子供に常にロシア語で、ドゥリングは常にフランス語で話し、英語を混ぜないとのこと、そこで「人と言葉」が繋がるように私にも息子に対しても日本語だけを使うことを勧められましたが、私は実行できませんでした。しかし、現在息子は日本語を日本人のように話せます。

やはり、研究所の訪問第一回目の印象はとりわけ強いものですので、話をつづけます。

幼稚園でのボランティアのその日、ドゥリングの家族四人とコンサートに一緒に行ったときのことです。このコンサートは研究所でおこなわれたものではなく、プリンストンの町中でおこなわれたものでした。プリンストンは町とは言うものの小さな大学町です。雪混じりの雨の中を自転車でコンサートに来たのは私たちのみでした。しかも、ドゥリングは一歳に満たない息子を背中に「おんぶ」してです。

濡れた犬のようになった私たち五人はコンサート会場に入っていきました。世界中の数学者たちのヒーローたるドゥリングを知っている人はこのコンサートには誰もいなかったようです。広中平祐先生のように一般人にもよく知られている数学者は世界的に見てもまれです。雨に濡れた私たち五人は、車で来ていた人たちには「雨の中を自転車で、それも小さな子供二人を連れてご苦労なことだ」とでも映ったでしょう。

そもそもは……

このプリンストン高等研究所への最初の訪問はラングランズ(Robert P. Langlands)先生が手配してくださいました。p-進コホモロジーという数学理論がありますが、それに関連するある方法を使って微分方程式論におけるエーレンプライス(Leon Ehrenpreis)の基礎原理(fundamental principle)の真似事ができないだろうかと思ったのです。それの数論への応用についてラングランズ先生に手紙で聞いてみたのが始まりです[10]。

ドゥリングがフランス高等科学研究所(I.H.E.S.)[11]からプリンストン高等研究所に移っていたとは知りませんでした。私がプリンストン高等研究所に着いたら、その話はドゥリングに聞くのが一番いいとラングランズ先生に言われ、さっそく、ドゥリングとアポイントメントをとり、フルド・ホールの二階の図書館の隣にある研究室に向かいました。遅れないようにと思って、早めにその建物の一階のコモン・ルームに着いてみると、いつものようにドゥリングはコモン・ルーム(大広間)で新聞を読んでいました。

邪魔になってはいけないと思い、見つからないように椅子に隠れて座って待っていました。そのとき、突然思い出したように急に走り出して二階に向かわれたので、私も後を追いました。恐る恐るノックをすると「ウィ」とフランス語で返事がありました。その部屋も机も大変大きく、同じフルド・ホールの一階にある以前アインシュタインの使っていた部屋よりずっと大きな部屋です。

その日はひどく緊張していましたので、どのように話をしたのかあまりはっきりとは覚えていませんが、主な質問をしたときに少し首を傾げて、「その問いには意味がある(*It does make sense.*)……」と返事がありました。最初の三〇分くらいは定義などを注意深く聞いてくださり、その後はクリスタリン・コホモロジーのファイバーのこと、D-加群のことなど、いろいろ話してくれましたが、ほとんどが理解できませんでした。そうしている間にだんだん自分の無力・無能が恥ずかしく思えてなりませんでした。こんな情けない男に対して，この大数学者はけなすどころか，優しさに満ちた微笑みを注ぎながら，どのように勉強すればいいのかも教えてくれました。

「大切な時間を使ってしまって，申し訳ございませんでした」と言って急ぎ足で部屋を出ました。実はプリンストンに来る前にある専門家(世界的権威)にも私の持っていた問題に対して意見を聞いたことがありました。そのときは「その定式化は意味を持たない(*It does not make sense.*)」と言われていたので「数学的に意味を持たないのではお話にならない」と自分でも不安な気持ちがありました。

そこで，この相反する二つのコメントを知り合いのインド人の代数幾何学者ディナカー・ラマクリシュナン(Dinakar Ramakrishnan)に話しましたら，彼はこう言いました。「そんなの *Kato* の説明を聞くまでもない，もちろんドゥリングが正しいに決まっている。彼が間違えることはありえない」と。

それからもう一つ，ドゥリングが首を傾げたのは嬉しかったです。すなわち，「そんなことを知らない人はまずいないでしょう……」なんてドゥリングに言われるようなこともあろうかと少々心配していたのです。

しかしまた，価値ある問題でもなかったのでしょう，反応は実に弱かったです。手を引くことに才能のある私はこの問題にも二度と戻りませんでした。そんな訳で，一九八六年のバークレーでの国際数学者会議でこれを話す予定でアブストラクトも書いて受付窓口に送ったのですが，会議は欠席、講演はキャンセルしてしまいました。後日、恩師のルブキン先生(12)が「メッシング(William Messing)が興味を持っていて、講演会場に行ったが、お前が会議欠席だと知ってがっかりしていたぞ」と話してくれました。しかし、ドゥリングの反応がゼロのようなものを話しても、無駄話となり、後で恥をかくよりは話さないほうがまだましです。それに、もっと大事なことに自分でもこのプログラムは上手くいかないだろうと感じ始めていました。

ドゥリングという表記について

初めてドゥリングに紹介されたときに「あなたの名前 Deligne はどう発音するのが正しいのですか」と聞いたところ、眼を輝かせて「(ベルギーを出て以来、フランス滞在中も含めて)その質問を受けたのは初めてです」と言われました。答えはこうでした。「ドゥ」の後は、建物の意味の英語のビルディングの発音に出てくるのとまったく同じだということでした。「ああ、そうか、日本語の本でよく書いてあるフランス語的な発音のドリーニュじゃあないのか」とそのとき初めて気づきました。ベルギーはフランス語とフレミッシュ語(オランダ語)が話されていますから、ドゥリングはフレミッシュ語の発音なのかもしれません。「いろんな間違った発音で呼ばれていますので、自分の名かもしれないと思ったときは返事をすることにしています」とも言っておられました。

アントワーペン大学のあるベルギーは日本に次いで私が訪れた回数の多い国です。「アントワーペン」がオランダ語の発音で、一般的にはアントワープと呼ばれているオランダ系のベルギー人の多く住む町です。レストランに入ってもそこで話されているのはすべてオランダ語(フレミッシュ語、Flemish)ということもよくありました。しかし、標準語はフランス語なので、フレミッシュ語を話すのは自分の家族とか親戚のみになりがちで、フレミッシュ方言が極端に局所化しアントワープ内でもフレミッシュ方言は存在するそうです。

アントワープはあの有名な「A dog of Flanders」(フランダースの犬)で知られている町、それとユダヤ系の人たちが専門であるダイヤモンド取引の世界一の町でもあります。歴史的にもベルギーという国は西の大国フランスと東の大国ドイツから何度も攻められている国ですが、粘り強いお国柄なのでしょう、周りの強国にとってはなかなか攻めきれない国です。そしてまた、独立心が強くて、大国に挟まれて育ったベルギー人というのはしぶとくて「それはそうかもしれないけれど、しかし……」と言ってくるタイプが多いように思います。アントワープの我が友であるフレッド・ヴァン・オスターエンは非可換環論とか非可換代数幾何学の専門家として日本でも知られています。フレッドは二五冊くらいの専門書を書いていますし、論文は何百編という数です。彼はベルギーのアントワープ大学の教授職を最近退きました。フレッドの趣味はジャズではなくブルースのほうです。彼はブルース祭りをアントワープで開きましたが、ブルースは黒人が歌ってのみ意味のあるものという信念があって招待された演奏者はすべて黒人でした。もう一つの趣味は植物で、こちらのほうの知識も半端ではなく論文も書いています。

いったい彼は数学以外の時間をどうやって見つけるのでしょうか？

プリンストン高等研究所というところ

ご存知の方も多いと思いますが、プリンストン高等研究所のパーマネント教授はほんの数人でほとんどの人が訪問者です。そんな訪問者である私でもこんなことがありました。研究所に着いて間もない頃オーストラリアから来ていたある訪問者に八百屋に行く道順を書いてもらって町に出かけました。いつものように道に迷ってしまったので、見かけた身だしなみのいい教授風の紳士に助けてもらおうと尋ねたところ、いかにも面倒くさい様子で「早く簡単に言ってくれ、どこに行きたいのかだけを言いなさい。地図は見せなくていい」と味気ない返事(礼儀のない返事)。そこで「今、研究所からこう出てきて、ここに行きたいのですが道に迷ってしまいました」と言ったら、この紳士の態度が急に変わり「言葉遣いをお許しください。ご専門は？」「数学です」と答えると、「それじゃあ、ガウスの友ですね」と言う。その後その紳士が詳しくその店に行く道を説明してくれましたので、「ご親切に教えてくださり、大変助かりました」とお礼を言ったら、「大変助かったと言ってくださってありがとうございます」と今度はこちらのほうが驚くほどの丁重な態度でした。

因みに、「大変助かりました」には実際は少々大げさな表現「significant help」を使いました。

しかし、この紳士の早変わりには驚きました。ちょっとした「水戸黄門シンドローム」ですね。日記をつけているということは便利なもので、今では覚えていなかったことですが、その日の買い物の帰り道にプリンストン大学のガニング教授（ロッシとの共著の『複素多変数解析函数論』の著者）の学生（クリス・ポー）に出会い、初対面ですがアパートまで彼が車で乗せてきてくれました。

この後もプリンストン高等研究所には六回の訪問があるのですが、ディレクター（所長）からの正式な招待の手紙を受け取ってはいるものの、私に限りかもしれませんが「招待訪問」を「訪問許可」と受け取るべきであると確信しています。こんなことを謙遜として言えたらさぞかし格好いいのでしょうが、実に実に残念なことですが、この表現は正しく当たっているのです。

研究所では、それこそ心の温かい数学者にも出会えました。そんな穏やかで心温かい人の一人にポーランドからの双子の数学者でH・イヴァニアッツ(Henryk Iwaniec)(13)という数論学者がいます。毎回ですが、研究所に来るときは、初めのうちはこころウキウキした気持ちでカリフォルニアから、言うなれば尻尾を振りながら来るのですが、滞在中の研究が論文にならなかったり、そして研究が上手くいかなくなったりして情けない気持ちになり「もう早くカリフォルニアに帰りたいなあ～」と思うのがいつものパターンです。

この最初のときの訪問では、研究所の出入り口に向かう辺りで夕方イヴァニアッツによく出会いました。そんな情けなく思っていたある日に「己《オレ》は研究所に招待を受けたのではなく、来るのを許可してもらったのだ。何一つ大切なことはわかっていないことを自覚し、まったく情けなくなる」

と彼に本音でこぼしたら、イヴァニアッツがこう言ってくれました。「何を言っている(これを英語で *Come on* と言うのです)、*Kato* の仕事のことはサーナック(Peter Sarnak)[14]から聞いているよ」と。まさかと思い「それはよくある間違いで、同じ *Kato* でもそれはバークレー校の有名なプロフェッサーのトシオ・カトウ(Toshio Kato)とか、さもなくばカズヤ・カトウ(Kazuya Kato)のほうでしょう」と言い返すと「いや、お前だよ、ヴァイアーストラース族のゼータをやったのは」[15]と返されました。

この程度のことですが、イヴァニアッツくらいのレベルの人から、このようなコメントをもらうことは、私にとっては滅多にないことだから物凄く嬉しかったのです。この部分は本書のメモアールにおける恐らく唯一の完全なる自慢話です。どうかこの自慢話をここに書いたことをお許しください。この日の日記を調べたら「今日は嬉しいことがあった、……」とやはり書いてありました。だからと言って、研究所に招待ではなく「研究所への訪問の許可がおりた」だけという思いにはまったく変わりありません。

彼からこんなことを聞かれました。「*Kato* はカリフォルニアから来たのだから知っていると思うが、X大学はどんな大学か?」と聞かれたので、「トップの大学の一つですよ」と答えておきました。しばらくして彼から、「実はX大学からオファー(それも正教授のポジション)をもらったが、断ることにしたよ」との報告があり、これを聞いて、あきれてものが言えなくなりました。彼はプリンストンの近くの東部にいたかったのでしょう。

食欲は旺盛

研究所のダイニング・ホール(食堂)は私の好きな場所です。料理がうまいということもあるのですが、いろんな人と出会えて興味ある話題について話せるからです。[16] このダイニング・ホールのシェフは歴史学の博士号を持っており、ある日の夕食は古代ローマの貴族の献立を再現しました。たとえ数学が冴えない日でも(そういう日が私の場合はほとんどです)食欲は大いにあります。

泣く子も黙ると恐れられていたヴェイユ(André Weil)先生もその頃はまだシャキッとしておられましたし、ヴェイユ夫人もお元気でした。ヴェイユ先生もダイニング・ホールに現れるのは早かったです。ランチの時間を待つ列の順位においては一位か二位がヴェイユ先生か私でした。

当時は、ヴェイユ先生が自伝『ある数学者の修業時代』(原書は“The Apprenticeship to a Mathematician,” Birkhäuser, 1992. 和訳は稲葉延子訳、丸善出版、二〇一二年)を書かれる前の頃です。このヴェイユ先生の自伝には興味深いお話がいっぱいありますが、そこには出ていないポアンカレとピカールのことを実に楽しそうにヴェイユ先生が話されているのを、フルド・ホールで三時のお茶の時間に目撃しました。今でも残念に思っているのですが、私が加わったときにはもういいところはほぼ終わっていました。

この一九八〇年代後半の研究所で、ダイニング・ホールでの昼食の常連はP・ドゥリング、R・ラングランズ、J・ミルナー、G・ファルティングズ、A・ヴェイユ、E・ボンビエリ、A・セルバーグ、A・ボレル、D・モントゴメリー（アメリカ英語の発音ではマッガマリーと聞こえます）といった方々でありました。

「プリンストン大学出版局のテナーさんとランチの約束があり、モントゴメリー、J・レーナーのテーブルで食べ始めていると、ラングランズ、ドゥリングが加わり、そしてしばらくすると、ファルティングズも来て座る。そうなのです、プリンストン高等研究所とはこのような錚々たる方々が集まっているところなのです。話題はまず「名前について」から始まり、日本とヨーロッパの歴史へと広がっていきました。

そのとき、ファルティングズにいかにもドイツらしい町はと尋ねてみたら「ミュンヘンがドイツらしい町だと思う」と教えてくれました。こういうレベルの人たちと毎日ランチを食べていると、こちらもそんなレベルの数学者ではないかという錯覚に陥ってしまいます。そう、悲しいかな、それは単なる錯覚なのです。

ファルティングズの話をこれから二つします。一つは、一九八六年の最初の研究所訪問のときで、米国カリフォルニア州バークレーで国際数学者会議のあった年ですが、彼がモーデル予想を証明して間もない頃でした。ある日のランチのときのことですが、この日はいつもより珍しく遅れてしまい、小走りにダイニング・ホールに着いたら、いつも数学者たちが陣取っている長いテーブルの席はいっぱいでした。ひとつだけ真ん中の席が空いておりました。その席を目指してトレーを持って急いで向かったとき、私の後ろからファルティングズも急いでそのテーブルに向かっているのに気がつきました。英雄ファルティングズにその席を譲ったほうがいいくらいの常識は私にもあります。私一人別のテーブルでランチをとることにしました。ファルティングズが颯爽とその席に着いたときに、そんなわたくしの行動に気がつかれたのでしょう、その満席のテーブルから一人首を伸ばして私のほうを見る人がいました。目が合ってスマイルと会釈を交換しました。その人はドゥリングでした。

もう一つのファルティングズの話はこうです。私は彼に「以前ガウス、リーマンがそうであったように、今のドイツでは神的な存在感のある数学者は何人くらいいるか?」と面白半分に聞いてみました。この質問はある意味では戦後ドイツの数学は下り坂という意味にも取れないでもないですが、彼の返事はこうでした。「そのレベルの数学者なら今はたったの一人だなあ」と。そこで「それは誰?」と聞いてみると、答えは「その男はお前の目の前に座っているよ」でした! それを聞いていた周りの人たちは大喜び、みんなで大笑いしました。

ついでに話してしまいますと、あの真面目なイヴァニアッツがファルティングズをからかってやろうということがありました。バークレーでの国際数学者会議でモーデル予想を証明したファルティングズがフィールズ賞を受賞することは誰でも思いつくことでした。そこで、イヴァニアッツがファルティングズにこう言ってやろうじゃないか、「どうして、バークレーの国際数学者会議にお前が出席しないといけないのか? やめとけやめとけ」と。このふざけ話はさすがの私でも遠慮しました。

ヒルベルトの第五問題で一九五〇年代に局所コンパクト連続群に対する岩澤予想を証明したD・モントゴメリー先生もとても穏やかな方でした。ランチのとき、モントゴメリー先生がこんな話をしてくれました。先生が五〇歳代の頃、年老いた母親と一緒に暮らしていた頃のこと、雨に濡れて帰ってきたら、母親が五〇歳を超えた息子に「だから朝出かけるときに言ったでしょう、傘を持って行けって！」。母親というものはアメリカでも同じです、そして親にとっては何歳になろうとも息子は面倒のかかる存在というわけでしょうか。この話はランチで「親というもの」について話していたときのことでした。

いろんなタイプの人がいますが、これは研究所のアパートの管理人のような人でチャーリーという人から聞いた話です。ある研究所訪問者が部屋の壁に絵を掛けたいから長さ五センチメートル程の釘はないかといってチャーリーのオフィスに来たそうです。そこでチャーリーはそのくらいの長さの釘を探してきて彼に渡そうとしたところ、彼が言うには「長さはこれでいいが、この釘は金槌で打つところが右にあるが、私の欲しいのはそれが左にある釘だ」と言ったので、チャーリーはその釘を一八〇度ぐるりと回して渡すと、本人も気がついた様子で恥ずかしそうな顔をしていたという話です。この話の口止め料でしょう、(有名なトポロジストでしょうか?)後でビールを飲みに連れて行ってくれたそうです。

ヴェイユ予想ランチ

その年(一九八六年)の四月二一日(月)、郵便箱にメモを見つけました。それは恩師ルブキン先生(ルブキン先生については、次の章で詳しく取り上げます)のリクエスト「ヴェイユ先生に電話して、水曜日のランチを共にしたいから手配しておくように」という伝言でした。秘書でもないのになんで俺がアレンジしないといけないのかとは思いませんでした。なんといってもルブキン先生には学生時代大変お世話になったからです。でも嫌なことを頼まれたなあと思いました。

プリンストンではヴェイユは怖い先生で有名です。プリンストン大学での講演にヴェイユ先生が聴きに行くとき、ヴェイユ先生の両脇にプリンストン大学の教授が座るのは、ヴェイユ先生が講演者に向かって「その程度の内容でよくも人前で話せたものだ!」とコメントしたことが過去にあったので、二度と起きないようにヴェイユ先生をなだめるためと聞いたことがあります。

私もひとつ経験しています。ヴェイユ先生の晩年の著に『数論——歴史からのアプローチ』(足立恒雄・三宅克哉訳、日本評論社、一九八七年、原書は"Number Theory: An approach through history from Hammurapi to Legendre," Birkhäuser, 1984)があります。ある研究所訪問者がこの本にヴェイユ先生のサインを求めたところ、ヴェイユ先生の返事は驚いたことに「ノー」でした。私も是非サインが欲しかったので恐る恐る頼んでみたところ、にこにこしてオーケーの返事でした。急いで同じC棟にある自分のオフィスからこの本を持ってきてサインをいただきました。しかしこの辺のところはよくわかりませんが、押し付けるようにその場で本を手に持ってサインを求めなかったのが良かったのか、それとも面識が以前からあったからなのか、それともそのときのヴェイユ先生の気分で決まるのかどうか……。

私が最初にヴェイユ先生にお会いしたのはロチェスター大学の学生の頃ルブキン先生に紹介していただいたときでした。その後、また(楕円曲線のみからなる)ヴァイアーストラース族のヴィット・コホモロジーによるゼータ函数の求め方で一般的な注意をお伺いしたく連絡を取ったことがあります。そのときに大変嬉しかったのは「お前の問題に興味がある」と言ってくださったことです。ご無礼！ これも自慢話の仲間に入るようです。

とにかくヴェイユ先生は怖い先生という評判がありました。でも、研究所のC棟の秘書から、アヒルの子どもが親とはぐれて研究所の広々とした裏庭で弱っていたところをヴェイユ先生が通りかかり、元気になるまで育ててその裏庭の池に戻してやったことがあると聞きました。しかし、この秘書は「ヴェイユ先生に会いに来る人はみなビクビクしているようです」とのつけ加えがありました。代数幾何学・数論学者のディナカー・ラマクリシュナンが「ヴェイユの『数論』をきっちりと読むにはずいぶん時間がかかったよ」と話してくれました。また、セールもこの本を絶賛しています(“Grothendieck-Serre Correspendence,” AMS, 2004, p. 245)。このようなヴェイユの本格的な数学史の本を見ると、過去の大数学者が築きあげた数学の真価を語るにはまず超一流の数学者でないとそれは無理であるということを教えられるような気がいたします。

話を恩師ルブキン先生のランチの手配の伝言に戻します。さっそく、少々緊張気味でヴェイユ先生の家に電話をし、ヴェイユ先生にルブキン先生とのランチのことを話すと快く承諾してくださいました。二日後の水曜日にヴェイユ先生のオフィスに一一時四五分に集合ということになりました。

ヴェイユ先生とルブキン先生とのお付き合いは一九六〇年代から始まっており長いです。ルブキン先生から、ヴェイユの自伝『ある数学者の修業時代』に書かれていることの一部を私の学生時代の一九七〇年代に聞いておりました。たとえば、戦時中のフィンランドでフランスのスパイと疑われて処刑されそうになったときに複素函数論の研究者でフィンランド人のネヴァンリンナによって助けられたといった話もその一つです。

しかし、この話は少し気になる話です。フィンランドは歴史的にロシアとの関係が複雑に絡んでいますが、ネヴァンリンナはその頃ナチス・ドイツに染まっていたし、ヴェイユはユダヤ人だし、などなど。(17) この話を良いほうにとれば、ネヴァンリンナにとっては政治とか民族の問題以上に数学者としてのつながりのほうが重要ということでしょう。ルブキン先生はヴェイユ先生にはだいぶお世話になっているのでしょう、ルブキン先生のヴェイユ先生に対する振る舞いは大変礼儀正しいものでした。

ドゥリングにもルブキン先生の伝言のことを話しましたらドゥリングも加わりたいとのこと、「これは面白くなってきた！」と思いました。数学の専門用語を出して恐縮ですが、ヴェイユが「一般次元の代数多様体の合同ゼータ函数に関する予想」を与え、ルブキンそしてドゥリングによってすべての予想が証明されたわけですから、二〇世紀最大の予想である「ヴェイユ予想」は来る水曜日のランチのメンバー三人で完結したということになります。これにグロタンディエック

(Alexander Grothendieck)が加わってくれたら、もっといい顔合わせだとは思いましたが、「いやいや、贅沢は言っちゃあいけない」とも思いました。

ヴェイユ予想とは

ヴェイユ予想というのは有限個の変数を持った有限個の多項式に対して、その変数に有限体の元を代入したときにそれらの多項式をすべてゼロにするような、そんな有限体上のゼロ点の数で定義されるゼータ函数に関するものです。多項式で決まる連続的な無限のゼロ点の集まりとしての幾何学的対象のほんの一部に有限体の共通ゼロ点、すなわち、有理点がいくつあるのかを内在しているのが合同ヴェイユ・ゼータ函数です。そのゼータ函数を内在しているコホモロジーをヴェイユ・コホモロジーというのですが、フロベニウス写像から誘導されるそんなコホモロジーに関する離散と連続の世界の架け橋であるヴェイユ予想は、代数幾何学において二〇世紀後半における最大のエネルギー資源であったと言ってもいいすぎではないでしょう。本書の話は、代数幾何学及び数論の研究者であったアンドレ・ヴェイユによる予想群の証明に関わった数学者たちについての筆者の体験的エピソードが中心となります。

この日、四月二三日(水)は雪の降る日でした。駐車場まで行って恩師を出迎えるために待っておりましたら、五年ぶりに会うルブキン先生は体重も一〇〇ポンド(四五キロ)くらい減って普通の人のサイズになっており、コンタクトレンズもしており、髭もあり、頭にはユダヤ教のヤマカも被っており、ルブキン先生だとは一目でわかりませんでした(私のロチェスター時代のルブキン先生は初めの二、三年は独身でしたが、プリンストンで再会した頃は結婚(二度目)されておられました)。

まずは三人でテーブルに着き、ドゥリングを待っていたのですが、椅子が一つ足らないことに気がついたので、椅子を別のテーブルから持ってこようと立ち上がろうとしたとき、ヴェイユ先生に「お前が椅子を持ってこなくてもいい」とびしっと(firmly)言われました。ドキッとしましたが、それでも自分のようなものが図々しく座ってドゥリングの椅子がないのは怪しからん、と思い「すぐ隣のテーブルの椅子ですから」と言って立ち上がり椅子を用意しましたが、ヴェイユ先生はそれでも「……しなくてもいい」というような顔をされました。あれを厳しさというのでしょうか、それとも信念か、こんな取るに足らない椅子をどうのこうのといった、すなわち、トリビアル(trivial)な出来事ですが、ヴェイユ先生の徹底した信念に基づいた人格を垣間見るものとしてあえてここに書きました。

ヴェイユ先生にお会いすれば、激動の世界を生き抜いて fiercely independent-thinker(これは英語のほうが良いとは思いますが、日本語では「徹底した独立思考力のある人」というような意味です)という精神がヴェイユの言動と身体のどちらからもみなぎっている厳しさを誰もが感じ取れたと思います。

全員が揃ったところで、まずドゥリングが「最近はどんなことをしていますか」とルブキン先生に聞き、その逆もその後につづきました。二人の話の内容は情けないことではありますが、なんとなくわかったような、わからなかったような気がしました。コーヒーのお代わりのために私が席を立ってヴェイユ夫人とご令嬢(シルヴィーさんだったと思います)の座っているテーブルの隣を通り過ぎようとしたとき、ヴェイユ夫人が「貴方もあの連中の一人ですか」と聞かれましたので、「できることならそうありたいのですが、私はあちらの方々を賞賛するこのテーブルの人たちの一人です」と答えました。こう日本語に訳してみましたが、これでは英語的なユーモアもリズムも上手く伝わりません。実際はこうでした。ヴェイユ夫人 "*Are you one of those* (*as she is looking at the table where Profs. Weil, Deligne and Lubkin were sitting*)*?*" 私の返答は "***I wish I were one of those, but I am one of these who admire those.***"

ヴェイユ先生のご令嬢シルヴィーさんの記事(Notices of the AMS, Jan. 2018)によれば、一九五五年の日本初の数学国際学会から戻ったヴェイユ先生は日本(文化)の虜になってしまい、家族にお辞儀の仕方とか、箸を使っての食べ方とか、日本のサイズのタオルの使い方とかを教えたそうです。「日本では感情を表に出すことはせずに、常に微笑みを浮かべていること」と家族に話し、家族全員が日本人のようになってしまったとのことです。ヴェイユ先生も(そしてドゥリングも)黒澤明の映画のファンで、一九九四年の京都賞受賞のときは黒澤明との対面を喜ばれたとあります。シルヴィーさんの言われるように日本びいきのヴェイユ先生であったのなら、自伝で一九五五年の日本訪問の印象記を書き加えて欲しかったです。

ヴェイユご夫妻

そんな平和な日の一カ月後です。五月二四日ヴェイユ夫人がプリンストン・メディカル・センターで他界されました。心臓発作でした。直ぐにルブキン先生にそのことを電話で伝えました。ヴェイユ先生は毎年行事としてパリ訪問の前の荷造りを(奥様の心臓のことを心配されて)出発の何週間か前からゆっくりと始めるのが常でした。実に仲の良さそうなご夫婦でした。

ほんの一カ月前のこと、八〇歳前後のヴェイユご夫婦が研究所から肩を寄せ合うようにして出てこられたときのことでした。日本の小・中学生が学校の先生に登下校中に道で出会ったときに挨拶をするように、研究所の入り口の道で私が脱帽して「こんにちは」と元気よくヴェイユご夫妻にお辞儀をしたら、お二人はますます肩を擦り寄せるようにして実に幸せそうに会釈されたときのことを今でも印象的なシーンとして覚えています。

ヴェイユ夫人のご逝去の三日後の二七日、曇りがちな日でしたが、研究所から帰宅されるヴェイユ先生にお会いしたとき、しかるべき言葉をお伝えしました。初めて髪の毛が乱れていて、どこか実に寂しそうなご様子でありました。しかし、その次の日は、いつものように髪の毛はきちんと分けてあり、本を持って歩いておられたのをお見かけしました。八〇歳になっても夫婦があれほど微笑ましく仲良く肩を寄せあうようにして歩くことも、そんな最愛なかつ魂までもが繋がっているような妻を突然に亡くし、その一週間後には数学に復帰することも、誰もができることではないと思いました。

もう一つヴェイユ夫人に気がついたことを言えば、夫人の目の色です。よくヨーロッパ系の外国人のことを青い目と金髪と私の世代は言ったものですが、ヴェイユ夫人の目は青より透明感のある水色であったと思います。しかし、ヨーロッパ系の人種は髪の色といい、目の色といい、肌の色といい、実に色彩の幅が広くて多様な人種です。その点アジア人はむしろモノクロな人種なのかもしれません。

私とヴェイユ先生との数学上の手紙によるコミュニケーションは一九七〇年代の終わり頃一度あっただけでした。一九八六年の最初の研究所訪問以来、ヴェイユ先生を見るのはブルバキ・エンジンの衰えの象徴であり、また「ヴェイユ予想が引き金となった一九六〇年代の代数幾何学のビッグバンも遠くになりにけり」と思わせました。

ヴェイユ先生八〇歳の一九八六年の頃から一九九八年に他界されるまでヴェイユ先生が段々と弱っていかれるのを見てきました。最後にお会いできたのは、一九九四年の京都賞受賞から二年目ヴェイユ先生が九〇歳のときで、一九九六年の四度目の研究所訪問のときでした。最後にお会いできたというのは実は正確ではなくて、人と会う約束をし、ダイニング・ホールの建物の入り口でその人を待っておりましたら、いつものランチの時間早々、あの日本刀の如く凄みのあったアンドレ・ヴェイユ先生が娘さんに支えられるようにして近づいてこられました。足取りは弱々しく、今でも覚えております、あのときの衝撃に近い感情を。

一九九六年の訪問のとき、ドゥリングから「ヴェイユに話しかけないように」と言われていました。目の前をヴェイユ先生が娘さんと通り過ぎたときは軽くこちらが会釈をするとヴェイユ先生も人の良さそうな微笑みを浮かべられました。人に話しかけられるとヴェイユ先生はその人を思い出そうとして混乱されるときがあって気を病まれるのを娘さんが恐れていたからです。

しかし、この一九九六年の八年前、一九八八年に私が家族と共に研究所を訪問したときのヴェイユ先生には、そのころ三歳弱になる息子との愉快な会話がありました。この会話については後でお話しします。「死というものはその人にとって邪魔な障害物」とでも言うのでしょうか、そんなことを強く感じさせる人にときどきですが出会います。私には、ヴェイユ先生は典型的にそのような印象を与える人であったように思われます。

亀の小話

ドゥリングの子供たちと遊ぶためプリンストン森(Princeton Woods)沿いの草の小道をドゥリングの家に向かっていました。そうしたら一五センチメートルほどの亀が森から出て来ました。この亀を子供たちに見せてやろうと思い亀を捕まえて持って行きました。

子供たちは大喜びでしたがドゥリングの話では亀は縄張りがあり、その縄張りも狭いということです。ですので、クロスロード保育園に亀を持って行って二、三日は他の子供にも見せるが、その後はもとの場所にみんなで一緒に戻しに行こうということになりました。そんな亀の習性を知りませんでしたので、捕まえた場所を忘れないうちにと思い、その日に亀を捕まえた場所に戻り一メートル程の枯れ枝をそこに置いておきました。その後、みんなでその亀をもとの場所に返してやり、草むらの中に消えて行くまで見送りました。平和な小話はここでおわり。どうしてこんな取るに足らない亀一匹の話をここに書いたのかと申しますと、歳のせいでしょうか、この頃は花なら露草、鳥なら雀が一番好きになってきました。それは宮殿に咲く大きな立派なバラのような数学上の仕事は自分にはできなかったことの反映なのかもしれません。読者にも私と似たような想いの方がいらっしゃるかもしれません。そもそもこの書は凡人による凡人のための書であることをお忘れなく。

岩澤先生とプリンストン

プリンストン高等研究所を語るに、群馬県桐生市ご出身の岩澤健吉先生を語らずにはおられません。研究所にやってきた日本人で岩澤先生にお世話にならなかった人ははたしていらっしゃるでしょうか。今は亡き岩澤先生のプリンストンでの晩年のご様子を垣間見るためにも、限られた私の経験に基づく思い出の一部をこれから書かせていただきます。

まずは岩澤先生の奥様ですが、なんと言ったら良いのでしょう、品の良さは言うに及ばず、日本女性がときどき携えているあの優しい春のような空気が漂っている存在とでも表現したらよいのでしょうか、高貴という言葉が当てはまるようなあのような女性は日本ですら、もうあまり見ることはないのかもしれません。

その一方、岩澤先生の微笑みは優しそうでいて、なぜかピリッとした厳しさを感じるのを覚えました。いくら何でも私のような回転の鈍い者はお断りでしょうが、プリンストン大学の教授である岩澤先生とか志村五郎先生から博士号(Ph. D.)の指導教官になってやろうと許可が出たとしても、それがいくら光栄なことであっても「ノーサンキュー」でしょう。人から聞いた話ですが、志村先生は一週間会ってないと、去る一週間でどんな新しい結果が得られたか、と聞かれるそうです。そんなスピードに私などとてもついていけませんし、もう一つは、両先生の数学はコホモロジー的手法ではないため、両先生のような数学にはついていけず、間違いなく砕けることになるでしょう。

岩澤先生にルブキンの学生であったことをお伝えしたとき、先生に「やはり、あのような(ルブキン流の)数学をなさるのですか?」と聞かれました。コホモロジー好みである筆者は、数学の実態をコホモロジー的、かつカテゴリー的に翻訳したときによりしっくりするというタイプです。スペクトラル系列を計算して証明することは気分もすっきりしますし、極端な話ですが、身体的にも心地よく感じることもあります。『コホモロジーのこころ』(岩波書店)の中では、自明であるようなことでも、気分爽快になるので必要以上にコホモロジー的に詳しく書いたかもしれません。

あれはいつでしたか、ドゥリングが「私は Shimura のような数学は好きだ」と話してくれました。この発言はなぜか強い印象を残しました。ここ数年間、志村先生は一般向けの本を筑摩書房から『数学をいかに使うか』に始まり四冊ほど出版されています。これらの本で取り上げられた数学のトピックス選択の的確さは文句なしでしょう。ごく最近のことですが、志村先生の自伝“Map of My Life”と日本語版の『記憶の切繪図』(筑摩書房)のどちらも拝読させていただきました。歳の取り方にも実にいろいろとありますが、その自伝の一部に数学の進むべき方向を示したような数学者に対する恐れ入る辛口のコメント(extremely spicy comments)が書いてあり、当惑いたしました。

その一方、志村先生の自伝にはこの世代の一流数学者特有の大地に根の生えたとでも申しましょうか、確実さと厳しさを垣間見ることができます。なぜこのような言い方をするかと申しますと、研究所から定期的に“The Institute Letter”というのが送られてきますが、最近若くして他界したヴォエヴォッツキー(Vladimir Voevodsky)の記事を読んで驚いたことがありました(その page 8, summer 2014)。フィールズ賞受賞者である彼の論文の数カ所において証明に間違い(それもノン・トリビアルな間違い)があったというのです。それを読んだとき思ったのは、これは「世代から影響を受ける精神的」な問題なのか、それとも「その世代に発達した数学理論構造からの方法上」の問題なのか、どちらなのだろう……。それとも個人的なものとか、別の問題なのだろうか。

これはこのレベルの人だから驚いたのであって、たとえば、後の話ですが、私 G. C. Kato のレベルではもっとひどい話で、命題そのものが間違っており(志村先生は、そのような間違いはひどすぎて間違いの中にも入らないと書いておられます）、故にその命題の証明は意味がなくなり、すなわち、嘘になります。そんなときは、赤面して訂正を発表するわけです。このようなひどい間違いは二つほどあります。その一つの例をここにお話ししましょう。複体とは限らない対象に対しても定義できるコホモロジーの一般化としての不変量ウア・コホモロジーに関する論文のある命題の間違いはドゥリングによって簡単な反例で指摘されました(18)。

しかし、一九八六年の第一回目の研究所訪問のときに岩澤先生にお会いできたことは実に幸運でした。と申しますのは、岩澤先生は翌年の一九八七年にプリンストン大学を退職され、その後東京へ戻られたからです。帰国後「東京の暑さには参りました、数学もできないほど暑いです」という葉書をいただいたことを思い出しました。

岩澤先生ご夫妻からお聞きしたのですが、一九八五年だったでしょうか、ドゥリングがプリンストンに引っ越してきたときに岩澤先生ご夫妻が住んでおられる家をドゥリングに買ってもらいたかったと話してくださいました。岩澤家からの提案に対するドゥリング家側の思いも聞いております。

岩澤先生と同世代の数学者たち

岩澤先生の世代の数学者としては岡潔は別格でしょうが、永田雅宜、角谷静夫、東屋五郎、中山正、小平邦彦、志村五郎、佐武一郎、久賀道郎、玉河恒夫、小野孝、（岩澤先生同様に桐生市ご出身の)井草準一、伊藤清[19]、久保田富雄、松阪輝久……の方々でしょうか。一方、フランスでは、同じ戦前の世代のJ・ルレーは少し別格として、A・ヴェイユ、H・カルタン、C・シエバレー、L・シュヴァルツ、J・デュドネ(そして次の世代ではJ-P・セールとか)……のいわゆるブルバキの初代メンバーの世代です。すなわち、これらの数学者は第二次世界大戦の前から数学者であった方々です。因みに、ドイツでのその世代はC・L・ジーゲル、H・ハッセ、H・ベーンケ(世界大戦中、H・カルタンは弟を助けようと消息をベーンケに尋ねたのですが、間に合わずナチスにより処刑されてしまいました。弟は音楽家で私の息子が彼の作曲したものをピアノで弾いて聞かせてくれました)、H・グラウエルト、E・アルティン、E・ネーター、H・ワイルとかいった数学者でしょうか。

特にこの世代の世界的な数学者から受ける印象は「筋金入りの世代」というのが当たっているのかもしれません。岩澤先生の世代はヴェイユの“Foundations of Algebraic Geometry,” AMS, 1946を学んだ世代でしょう。岩澤先生もその世代であるがゆえにこう言われました。「グロタンディエックのスキーム論を勉強しましたが身につかなかった」と。

ただの数学のファッションの違いというよりは、先生のこのコメントはいろんな意味で「世代の持つ力」とでもとればいいのでしょうか。内容の深さは別として、数学の理論には言葉の面もあると思います。たとえば英語でも一二歳前に外国からアメリカに来た人の英語は米国生まれの人のように英語がほぼ普通に話せます。しかし、私のように二〇歳代からアメリカに到着した者は日本語の訛りが少しは残るのが一般的です[20]。

グロタンディエック流の数学も四〇～五〇歳過ぎてから始めると、前の世代のやり方がしっかりと身についていればいるほど、新たな数学言語は必要以上に身につきにくくなるのかもしれません。すでに話せる数学用語がある方々には新しいスキームの言葉は切迫感を感じてあえて身につける必要もないという面もあるのでしょうか。

一九八六年の春も深まる四月の終わり頃、岩澤先生からのお電話で、木村達雄教授がプリンストンに来ておられるから一緒に夕食にとの招待をいただきました。岩澤先生の御宅は私の研究所のアパートの近くにあり、芍薬の花の咲く裏庭が見えるような距離でした。この夕食後の余興として木村教授が合気柔術の技を私を実験台にして見せてくださいました。柔道経験者の筆者がコーヒーテーブルとソファーの間に見事に平行に投げ飛ばされました。これをご覧になり、岩澤先生ご夫妻は大喜びされておられました。受身をしたからよかったものの、さもなければ、顔から落ちて床が鼻血で染まっていたことでしょう！

名著と謳われる岩澤先生の著書『代数函数論』(岩波書店、一九七三年)の英訳(21)をお引き受けしてから、岩澤先生の御宅にはときどき呼んでいただきました。それでご無礼ながら以前からお聞きしたかったことがありましたので岩澤先生にいろいろと尋ねました。その一つは「(第二次世界大戦)戦後における数学での最大の出来事」に対する岩澤先生のご意見でした(その他、フィールズ賞の次の受賞者の先生の予想とか、今思えば先生の立場上あまり口にはしたくなかったことでしょう。悪気は毛頭ないのですが、岩澤先生をはじめ他の偉い方々に対するご無礼の数々、今更ながらの赤面です)。そうしたら、先生は首を傾げながら、「そうですねえ〜、やはりドリーニュの有限体上のリーマン仮説の証明でしょうかねえ〜」とのことでした。

岩澤先生からお電話で「加藤さんは絵が好きだから花も好きでしょう……」とお声をかけてくださり、さっそくうかがうと、先生の奥様が岩澤宅の裏庭に向かい芍薬と可愛い紫のスミレの花を摘んでくださいました。それとおはぎ(愛知県の三河地方ではボタ餅と言います)もいただきました。おはぎのほうはきっとドゥリングは食べないだろうと勝手に解釈し(偶然にもボタ餅は我が大好物です)、ドゥリング家に芍薬の花はお裾分けしました。

派手でない、心のこもった、そして時間をかけた心遣いと言ったらよいのでしょうか、次はそんなドゥリングの一面をうかがわせる話です。岩澤先生ご夫妻がいよいよ日本に向かわれる頃に先生宅を訪問していたときのことです。研究所の森でドゥリングが野の花をいっぱい摘んだ小籠を岩澤先生に「お別れのプレゼント」として届けに来られました。岩澤先生ご夫妻は大変嬉しそうなご様子で「この花をこのまま日本に持っていきたいものだが……」と仰いました。

岩澤先生が東京に戻られて一、二年後のことですが、ドゥリングが家族全員でカリフォルニアの我が家を訪問しているときにみんなで寄せ書きした葉書を岩澤先生に送ったのを思い出しました。温かい心で思い出しましたが、ある日私の運転で街にドゥリング家のみんなと出かけたときのことです。家を出てまもなくしたらリスが道を横切ろうとしていたので車を止めてリスの通り過ぎるのを待って再度出発したところドゥリングから「ありがとう」と言われたので「巣で子リスが待っているのでしょう」と答えておきました。

イチゴ狩り

六月七日(土)小雨。カリフォルニアから送られてきたスコティッシュ・ショートブレッド・クッキーを持って朝の七時一五分にドゥリング家に行って朝食を取りました。パンとコーヒーの簡単なものでしたが他に何を食べたのか眠くてあまり覚えていません。八時ちょっと過ぎに小雨の降るなか自転車三台でこの日はオーガニック・ファーム(有機栽培農園)への一時間の旅をしました。

先頭はドゥリング、次は夫人の順序。ドゥリングは自転車の後ろの籠に娘さんを乗せ、夫人は笊《ざる》を、私は息子さんをおんぶしてです。坂はあるし、自動車も通るし、道にも迷ったりして、小雨の中の一時間の旅、楽ではありませんでした。距離にして八マイルくらい(一三キロメートル)のところにある農場に到着し、いよいよイチゴ狩りが始まりました。地面は雨で泥だらけでしたが、一歳そこそこの息子さんを構わずイチゴ畑の端にぽいと置いて、せっせとイチゴ狩りを始めました。そのうちに息子さんは土を食べ始めるやら、着ているもの、口も顔も泥だらけでしたが、ご夫妻は平気なご様子でした。

プリンストンに戻ったのは午後の一時過ぎ、直ぐに一歳弱の息子さんにミルクを飲ませるのを頼まれましたが、それはカリフォルニアの我が家で慣れていて私にとってはお手の物です。そういえば、私の息子のオムツを妻に負けないほど何百回と替えました。昼食はスープ、キャベツなどと簡単なもので済ませました。その後子供たちは昼寝で、私たちはコーヒーを飲んだ後はドゥリング自慢の野菜畑に行って写真を撮りました。著者の『コホモロジーのこころ』の最後の章に掲載した写真はこのときのものです。

研究所第一回の訪問の終わりが近づいた頃、ドゥリング家の皆さんに言いました。「大変お世話になりました。本当に素晴らしい、そして忘れがたき思い出が沢山できました。これでもう二度と研究所に来ることもないでしょうから……」と。しかし、この最後のコメントはなぜか無視されたような印象を受けました。しかし、一般的に言えることですが、何かが思わぬときに突然起こってしまい人生がどう変わってしまうかわかりません。二度とないような良い出会いがあったとき、「これが最後となりましょう」という気持ちは自分なりに持ちたいと日頃から思い、そのように言ったのでした。

2

天才数学者ルブキン先生との出会い

人間万事塞翁が馬(じんかん　ばんじ　さいおうがうま)
——『淮南子』人間訓

ルブキン先生とヴェイユ予想

プリンストンの高等研究所の訪問が私の数学の目覚めではありません。仰天させられた数学者に私が初めて個人的に会えたのは一九七四年の九月のことで、それは我が恩師のS・ルブキン(Saul Lubkin)先生と出会ったときです。その頃すでにルブキン先生はロチェスター大学の正教授で三五歳でした。

ここで簡単に、ルブキン先生のプロフィールを紹介しておきます。早熟な方で、ルブキン先生がコロンビア大学での学部の一年生のときに、圏・ホモロジー論の最高峰であるアイレンベルグ

(Samuel Eilenberg)の大学院のコースを友達と面白半分にとったときのことです。運良くそのときの講義は圏論(Category Theory)でした。そして、この講義のクリスマス冬休みのレポートとしてまだ二〇歳前の大学一年生のルブキンが書いたのが、「アーベル圏の埋め込み定理」(Imbedding of Abelian Categories, Transaction, AMS, 97, 1960)です。

これは欧州においても米国の大学一年生が「埋め込み定理」を証明したということで大騒ぎになりました。この埋め込み定理のお陰で、アーベル圏における対象間のダイヤグラム(図形)はアーベル群の元をとって議論できるようになったのです。当たり前のことでも、この埋め込み定理なしの圏論の射のみで証明しようとしたら証明は結構面倒になることがあります。そんな埋め込み定理があるということは、アーベル圏というものが正しく定義されている証拠とも言えます。

アイレンベルグはマクレーンと共に圏論に関する論文を(第二次世界大戦後間もない頃)最初に書いたポーランド生まれの数学者です。ルブキン先生の(最初の)結婚式でアイレンベルグが「ルブキンが我が最高の学生」とスピーチしたそうです。

ルブキン先生はコロンビア大学卒業までにトポロジーのほうでも大きな影響を与えた論文を発表されており、Ph. D. 取得はプリンストン大学でと思っていたところ、ハーバード大学のオスカー・ザルスキーとジョン・テイト両教授から手紙が届いたそうです。そこには「君のような脳がハーバードで(グロタンディエック流の代数幾何学には)必要だから……」という内容が書かれていて、突如進学先をプリンストンからボストンへ変えたそうです。

ハーバード大学に着いたとき、ジョン・テイト先生がルブキン先生のPh.D.の指導教官となり、ハーバード大学の博士論文としては学部のときのこのアーベル圏の埋め込み定理の論文と、これも有名な論文ですが、トポロジーのほうのカヴァリングに関する論文でオーケーということになりました。一週間でハーバードからのPh.D.取得です。ただし、ハーバードでは最低一年はいなければいけないというルールがありましたので、事務的にはルブキン先生は博士課程を一年で終わったことになります。

二〇歳そこそこで博士号を得たということ自体はルブキン先生に関しては驚くべきことではありません。それは早熟ということだけです。早熟といえば私の友だちの知り合いは二〇歳前に博士号をとりましたが、その後は論文が書けず大学をクビになりました。それに、博士号というものは学者にとっては運転免許証のようなものと、私の兄も話しておりました。これまでに頭の冴える人にときどき会いましたが、ルブキン先生の頭のその冴え方のレベルが尋常ではないのです。

ここに書くことに対してはグロタンディエックのエッセイ『収穫と蒔いた種と』(1)(『数学者の孤独な冒険——数学と自己の発見への旅』辻雄一訳、現代数学社、一九八九年)を参考にしてください。そこに我が師ルブキン先生のことに触れている個所があるようです。そこに関連した代数幾何学における数学的対象の捉え方の改革の素となったヴェイユの予想とルブキン先生の関わりについて書きます(2)。

筆者がルブキン先生の下でルブキン流の数学を学ぶためニューヨーク州のロチェスター大学に着いたとき、ヴェイユ予想に関するグロタンディエックとルブキンの間のスキャンダルを誰も私には詳しくは話してくれませんでした[3]。ヴェイユ予想に関するグロタンディエックとルブキンの論争[4]についてては「灯台下暗し」とでも申しましょうか、周りの人は筆者がルブキンの学生であることを知っていたのであえて黙っていたのでしょう。

そして、グロタンディエックですらやり遂げることのできなかった最後の最難のヴェイユ-リーマン予想は、他ならぬドゥリングによって一九七二年に証明されました。ノルウェーの数学者ローダル(O. A. Laudal)という人が「Alexander Grothendieck : 1928-2014 (A stateless 20th century Mathematical Giant)」という記事(article)を二〇一五年に書きました。その中に「グロタンディエック、ヴェイユ、ルブキン」という節があり、そこに「グロタンディエックがルブキンに非常に不快な(very obnoxious)手紙を書いた」とあります。ロチェスター大学の学生の頃、我が師から「グロタンディエックの書いたものを一切読んではならぬ!」と、厳しく言われていました。「必要なことは、私がすべて *Goro* に教えるから……」と我が師は仰いました(これを読んで、読者はどう思われたでしょうか)[5]。

一九七七年前後の秋の終わり頃であったでしょうか、夜遅くルブキン先生から電話がありました。「(ヴェイユ-)リーマン仮説がどうも証明できたようだが……、しかし、ひょっとして間違いがあるかも……。そこで図書館に行ってグロタンディエックのスタンダード予想の論文をコピーしてくれないか」というリクエストでした。どうして自分でそんなことができないのか、とか、明日の朝まで待てば……とか、思いましたが、こちらは何せ見習いの身ですので言われるようにしました。後でその証明に間違いが見つかったとのことです。

このことを一〇年後ドゥリングに話したときのことでしたが、そのときのドゥリングの驚きぶりが印象的でした。その驚きは何を意味するのでしょう。

ルブキン先生は礼儀正しい先生で、エレベーターに乗るときにばったり出会ってしまうと、私は「どうぞ、先生から」と言うと、ルブキン先生は「いやいや、どうぞ君のほうから」と言って、二人ともエレベーターの前で立ち往生になってしまいます。他の人は苛立っているのですが、先生はそんなことはまったくお構いなしで、ついに私が先生を押し込むようにしてやっとエレベーターの中へ！

ルブキン先生は日本人の礼儀正しさをよくご存知で、それには理由があります。ルブキン先生のハーバード時代にエレベーターの前で同じことを広中平祐先生とやったということでした。ルブキン先生がコロンビア大学の学部生のときに日本の歴史についての講義をとったこともあり、日本には特別な敬意を持っておられました。あるとき、日本人をよく知っているのですかと聞くと、ルブキン先生の知っている日本人は「広中、小平、松阪、志村、……」と有名な数学者ばかりの名前をあげられました。

ロチェスター大学

一九七四年の秋にロチェスター大学に着いてさっそくルブキン先生の講義を受講したのは（コ）ホ

モロジー代数学でした。コホモロジー代数に対するその自由さと軽さには驚きました。このレベルに到達して「コホモロジー代数学の大道を隅から隅まで理解した人間」を目の前で見た、そんな思いになりました。この講義録は今でも大切に持っております。

この一九七四年の秋も深まる頃、ルブキン先生に面と向かって正式に「先生の学生にしてください」と頼みました。その前にルブキン先生との会話の中で、層係数の双対コホモロジーについて知っていることを話したところ、ルブキン先生は少し驚いたご様子でした。ルブキン先生から直ぐにオーケーが出ました。

これで「よし、己《オレ》はルブキンの弟子となれた!」と思いました。スキーム論、ヴェイユ・コホモロジーの一つであるp-進コホモロジーと触れるうちに、分野の選択という面では世界の数学の檜舞台の一角に登ったと感じました。しかし、こちらのほうは二六歳になってやっと長い冬眠から目が覚めたカエルのように深い井戸からノコノコと目をこすりながら出て来たようなものです。一方、二三歳にして(ヴェイユ-リーマン仮説を除いて)ヴェイユ予想を証明したのが我が師ルブキン先生です。

ロチェスター大学はその頃(恐らく今でも)ユダヤ系の学生が学生総数の六割(大学院生の占める割合も全学生数の六割くらいです)であり、教授の方々はもっとユダヤ系の人が多かったのかもしれません。ニュートリノ研究の小柴昌俊先生も含め、ロチェスター大学からのノーベル賞受賞者は九人です。学生数の少ないロチェスター大学(その頃は学部生と大学院生合わせて六〇〇〇人ほどだったと思います)ですが、ロチェスター大学は大変裕福な私立大学でした。日本の私立大学(早稲田大学と慶應義塾大学からであったと思いますが、日記はロチェスターにいた頃は書いていませんでしたので確かめることはできません)から四、五人の方々が米国の私立大学がどのように投資して資金を得るのかを調べに来られました。その通訳のアルバイトをしたときには、ロチェスター大学は米国で第三番目のお金持ちの私立大学(そのころの一位と二位はハーバード大学、プリンストン大学で、四位はスタンフォード大学でした)であることを知りました。

ゼロックス、コダック、ボシュロムなどの本社がロチェスター市にあることも初めて知りました。そう言えば、ロチェスター大学の数学科の建物の床は立派なカーペットが敷いてありホテルのようでした。通訳のバイト代は一時間三〇ドルでしたが、いくらでもいいと言われました。

私の学生時代、ロチェスター大学の数学科のチェアーマン(chairman ですが、日本の学科長より権限があり給料も一般的に正教授よりはかなり多いです)はゲイル・ヤング(Gail Young)先生でした。この方からはアメリカ人としては珍しく紳士(gentleman)といった印象を受けました。博士課程すべてを終えたと思ったら、ヤング先生に呼び出され、なんのことだろうと学科長室に行ってみると、「まずは、*Goro*、おめでとう。よく頑張ったね。ルブキン教授の学生としては君が最初の Ph. D. だよ。数学だけじゃあない、よく我慢したね」と言われる。そしてまたこう言われる。「ところで、*Goro* に Ph. D. を与えるには二単位不足していると思ったが、そう言えば、君との二単位のリーディング・コースは楽しかった」と仰いました。情けないことに、必要な単位の数を数え損なっていたのです。それこそ「足し算のできない数学大学院生」です。

誰からとなく聞いた話ですが、ルブキン先生をロチェスター大学に招いた（引き抜いた）のはヤング先生だという話です。ルブキン先生は初めから正教授ではありましたがテニュアー（tenure）はありませんでした。そこで学科長（Chairman）でもあるヤング先生から、私に恩師ルブキン先生のために推薦状を書いてくれないかと言われました。これもあまり前例のない、オーソドックスな話ではありませんが、なんと学生である私が恩師のための推薦状を書くことを引き受けました。めでたし、めでたし！　ルブキン先生はテニュアー付きの正教授 tenured full professor となったわけです。しかし、がっかりしたのは秘書の方々でした。その理由は後ほど。いつクビにさせられるのかわからないこのアメリカ社会の中で、テニュアー付きの正教授ほど安定度の高いポジションはまずないでしょう。

ここでテニュアーについて説明します。これは終身在職の権利です。すなわち犯罪でも犯さない限りはクビにはならないという保証です。その起源は「クビになることを恐れずに真実を述べる（それこそ profess すなわち「公言する人」の意味で「professor」です）ことができるため」ですが、今日この頃は身分・経済上の保証と解釈するのが一般的になっています（テニュアーの本来の意味を私も使って、総長あてに学長を批判して真実を語ってみたことがありましたが、厄介者にされる恐れがあるということをそのときに学びました。しかし、ある意味で恐れられてご利益のほうもゼロではありませんが……）。

私がいま働いているカリフォルニア州立工芸大学では、最初に助教授として雇われて、テニュアーの判断を受けるのはその五、六年後です。そして、もしもテニュアーの審査にパスしなければ失業して大学からはクビになります。もし私の英語がアメリカ人並みというのなら、それはアメリカ社会で並の数学者が論文の数(とその重さ、すなわちページ数)と学生評価において、並のアメリカ人(欧州人、インド人、中国人)と競い合い勝ち抜くために持つべき当たり前の技術の一つです。それは少しも自慢話になりません。数学力と英語力が反比例とは言いませんが、数学がずば抜けて優れていたら英語力なんてものはどうでもよくなります。

テニュアーが得られず助教授職をクビになるというのは学生が成績不振で退学となるというのと同じ仕組みです。その代わりとは思いませんが、アメリカでは多くの大学で定年がありません。いつ退職するかは個人個人が決めることです。因みに、カリフォルニアのある私立大学に一〇〇歳を超える教授がいると聞いています。そんな高齢でもロスアンゼルスのハイウェーをその教授は自分で運転して大学に来るそうです。聞くところによると、その教授は以前に大学に一〇億円程寄付をしているし、これからももっと寄付するので大学側も何も文句が言えないとのことです。それで思い出しましたが、最近私の勤めている大学の理学部に一九七〇年代の卒業生から一億一〇〇〇万ドル(一二〇億円)の個人寄付がありました。

ルブキン先生の講義

話がずれてしまいましたので戻します。ルブキン先生が講義されたのは徹底した一般論的なやり方での圏論、ホモロジー代数学、層の理論、スキーム論、p-進コホモロジー論などです。ルブキン先生の代数幾何学講義はハルツォーンの代数幾何学の本より遥かにコホモロジーを重視するものでした。

兎にも角にも、ルブキン先生の講義とセミナーには度肝を抜かれました。それと同時に、ルブキン先生の講義を聞いて強烈で底知れぬ劣等感をも抱きました。なぜなら、一つの学期中にルブキン先生は講義用のノートはなくて、大きなランチ用の紙袋を除けば手ぶらで講義室に入って来て、グロタンディエック流の代数幾何学が目の前で、圏論から始まり、ホモロジー代数、層のコホモロジー論経由でスキーム論まで、それらが一つのがっちりと繋がった大きな構造であるかのような印象を醸し出す講義が展開されるのです。その構造の頂点(vertex)の集まりである定義、補題、命題、定理の一つ一つがまるで証明に相当する硬い針金で繋がっており、その一つ一つの命題の中の仮定を少し弱めたり強めたりするとすべての針金が動いて全体の構造に影響を与えるように動き回る、まるで生き物のような講義です。そんな講義はそれまで聴いたことがありませんでしたので、まるで稲妻に打たれた思いでした。

このようなやり方で講義ができることが、その分野を本当にマスターするということだと納得しました。しかし、サイト・トポスとか、導来圏の話は一切せず、スペクトラル系列は徹底的でした。このときの劣等感は強烈で「数学こそが自分に最も向いていない分野ではなかろうか」と深刻に考えました。大きな大学ノートを広げたものよりもう少し大きめの両側に穴のあいた紙をコンピューター・センターで手に入れ、それに猛烈なスピードでノートをとりつづけるだけで、毎回の講義とかセミナーでルブキン先生の話はよく理解できませんでした。一生懸命ついていきました、と言いたいのですが、本当は「ただ、そこにいただけ」でした、文字通り(only) being there(ちなみに、この「ただ、ここにいるだけ」が私の選んだこの本の書名でした)というわけです。

ルブキン先生は「層の理論を知っておれば、ホモロジー代数なんて自明だよ」、そして層の理論を講義するときは「ホモロジー代数を知っておれば層の理論なんて自明だよ」と言っておられました。まったくその通りです。たとえばルブキン先生の講義はこんな感じでした。「この定理の証明は先週の水曜日に話した補題2・3・1から、容易に証明できます」。そう言われても、先週の水曜日のその補題すら覚えていないし、だから、補題の証明も理解していないし、一寸先も見えない霧の中でした。しかし、諦めたら「日本人数学科学生、失望によるHarakiri!」なんて地方新聞に出てしまうかもしれません。

そんなわけでまったくひどいものでしたが諦めることはできなかったのです。特にルブキン先生のホモロジー代数学、そしてコホモロジー論の一般についての講義及びセミナーのようなやり方をなんと表現したらいいのでしょうか。そうですねぇ、コホモロジー、スペクトラル系列がまるで「踊り跳ねるように」、英語で言えば「dancing around」するような印象を受けました。

イルシー(Luc Illsie)がグロタンディエックのやり方を“oily”(日本語にはどう訳したらいいのでしょう。まさか「油っぽくぬるぬる」と訳すのも変だし)という表現を使いました[6]。この表現はグロタンディエック流というよりはむしろグロタンディエックの議論の運び方を垣間見る上で実に興味ある表現だと思われます。このころ青年であった筆者はコホモロジーにベタ惚れで、スペクトラル系列とか矢印で結ばれた可換ダイアグラム（図式）の出てこないような数学は程度が低いと思っていたほど、コホモロジー手法に半狂乱状態でした。

ルブキン先生の集中力

ほんの一例ですが、ルブキン先生の集中力について話します。ルブキン先生の講義は午後でした。数学科の建物の最上階には大広間のようなところがあり、ルブキン先生は食後のおやつにチョコレート・クッキーをそこで食べられるのですが、その大広間に居合わせたすべての人に「お一つどうですか」とクッキーをふるまわれます。それで講義時間になると同じ階の講義室に食べかけのクッキーを持ったまま移動し、右手にチョークを持って、いよいよ講義が始まります。講義は延々とつづき、その間左手に持ったままのクッキーのチョコレートは溶けはじめて左手は茶色に、右手はチョークで真っ白に、溶けたチョコレートは白いワイシャツの中に袖口から侵入し始めました。その日の講義は早いときで三時間後に終わり、そしておもむろにルブキン先生は右手のチョークを置き、まるでその三時間が三分であったかのごとく、左手のクッキーをまた悠々と食べ始められました。

ここでついでに少し明るい面をお話ししますが、ロチェスター時代から十余年後の一九八八年に京都大学の数理解析研究所を訪問し、偶然広中平祐先生にお会いしたときのことです。「私はルブキン先生の学生で……」と自己紹介したら、なんとあの広中先生が「えぇ！　ルブキンの学生！

彼は典型的な天才ですよ」と驚いたように仰ったのです。そのとき、「ルブキンは天才ですよ」と天才広中先生が仰ったと、私には聞こえました。

広中先生のコメントは私にとって驚きといえば驚きではありましたが、広中先生でさえルブキン先生に対してそう思われたなら、ロチェスター時代のあの強烈な劣等感にノックアウトされたのは仕方がない、一方「な〜んだ、あんなに深刻に真に受けなくてもよかったのか！」とも思いました。

このことを広中先生から学生時代に伺っていたら、あれ程の強い劣等感は不必要であったわけです。しかしです、ルブキン先生の才能に衝撃を受けて、もうダメだと切羽詰まったからこそ、自分なりにある程度は頑張れたのかもしれません。とにかく人生において、何がよかったのか悪かったのかは最後の最後まで終わってみないとわからないということでしょう。まさしく「人間万事塞翁が馬」です。

私がルブキンの学生であったことに広中先生が驚かれたのは、他にも理由があったかもしれません。ルブキン流の数学が困難であることの他に、ある意味ではルブキン先生の学生になるのは（特に欧米人には）難しいことだという面もあるからです。多くある中から、その一部をお話ししましょう。

ルブキン先生の p-進コホモロジー論によるヴェイユ予想の証明[7]、ドゥリングのヴェイユ-リーマン仮説の証明のニュースも覚めやらぬ頃でした。ルブキン・レクチャーというので講義室は学生のみならず教授陣（他の大学からも）で満員でした。今はよく覚えていませんが、午後三時か三時半から始まる講義だったと思います。講義時間は一時間半でしたが、毎回と言っていいほど六時とか七時になっても講義は延々とつづきました。

あれだけスキーム論的な代数幾何学をマスターしてしまうと面白くてやめられないというか、よくもあそこまで上手く理論の仕組みができているものか、止められないくらい面白いのでしょう。しかし、講義が二時間そして三時間もつづくと、予定のある人は講義室から出て行かなければならないわけですが、ルブキン先生は「ここからがもっと面白いところ……」と言って、ドアの前で手を広げて講義室から出て行こうとする人たちを止めようと必死になる。ルブキンの腕の下をくぐって出て行く人もいました。もうここまでくると滑稽なシーンです。学期も終わりに近くなる頃は最後まで残るのは私一人という講義・セミナーもありました。

要するに、アメリカ人的な(西洋的な)常識を持った学生にとってはルブキン先生の学生になるのは難しいのかもしれません。最後に残ったのが私だけのときは、その頃先生は独身であったこともあり、いつも夕食に招待してくださり、ユダヤ教の人たちのクラブのようなジューウィシュ・センター(ユダヤ・センター)で食事を共にする、というのがパターンでした。毎度、原則的には先生のおごりではありましたが、三〇～四〇％近くの割合で先生は財布を家に忘れて来ており、そのときは私のおごりとなりました。

ルブキン先生のこだわり

ルブキン先生には実にいろんな思い出がありますが、その一部をもう少しだけつづけます。これは秘書から聞いたことでもあり、私も覚えがあります。一九七〇年代はコンピューターなどという便利なものはなく、すなわち、伸び伸びと生きる上で邪魔になるものはまだ普及していなかった頃です。ルブキン先生が秘書にタイプに打ってもらいたい原稿があり、そこには追伸がなんと追伸1から追伸12くらいまでありました。追伸だけでも四〜五ページくらいでした。このような傾向はルブキン先生の講義でも、Lemma（補題）3・2・4の後はRemark（補注）の3・2・4′とか、補注3・2・4″とか、もっとひどくは、補注3・2・4‴とか出てきましたが、よく見ればそれらは適切なコメントになっているから恐れ入ります。それと同時に、あのような圏論から始まるスキーム論への極度の一般化ゆえに、あるコメントに対するコメントのまたコメントも必要になってしまい、切りがなくなるほど長くなるのではと感じました。

論文は言うに及ばずですが、ルブキン先生のコホモロジー代数、層の理論、スキーム論の講義、セミナー、そして専門書は原則的に言ってルブキン流オリジナルのことしか書けない人です。噂によれば、論文は別として、ルブキン先生の読んだ本は、カルタン-アイレンベルグのホモロジー代数学だけということです。一九六〇年代の初頭ハーバード大学で大学院生として過ごしていたということは、本が要らないというより、グロタンディエックのたびたびのハーバード訪問によって、本・論文として出版される準備段階がまさに目の前で展開されていたわけです。

パリとかハーバードから遠く離れたところにいて何千ページもあるEGA（Éléments de Géométrie

Algébrique)とかＳＧＡ(Séminaire de Géométrie Algébrique)をコツコツと真面目に読んでもヴェイユ予想に繋がるグロタンディエック流の大ヴィジョンはその頃ではまず見えにくかったと思います。実際に書かれたＥＧＡはⅣ章まででしたが、元々はⅫとかⅩⅢまで書かれる予定だったと聞いております。最後の章がヴェイユ予想に当てられていたと思われます。その最終章にはスタンダード予想による彼の期待通りの理想的なヴェイユ–リーマン仮説の証明が書かれることになっていたのでしょう。

ある代数トポロジーの専門家が最新結果の報告をする講演中のときでした。ルブキン先生がコメントして、こう仮定を変えると何が言えて、そう仮定しないとこんな反例があるとか、細部の細部まですべてがお見通しといった具合で、講演者自身も驚いている様子でした。その反応にルブキン先生も気がつかれたのでしょう、「皆さん、どうして私がこの分野についてこんなによく知っていると思いますか」とルブキンが講演者も含めてそこにいた人たちに尋ねられました。本当にどうしてだろうと皆思いました。答えはアッサリとこうでした、「それは、勉強したからです(*Because I studied it.*)」、終わり!

もう一つとっておきの話があります。私たち大学院生はオフィスを三人で共有しておりました。エレベーターから降りるとすぐ左隣に私たちのオフィスがあり、その隣がルブキン先生のオフィスでした。ある日、エレベーターから降りて私たちのオフィスに向かったとき、ルブキン先生のオフィス・ドアそのものがきれいに外されているではありませんか。要するに先生のオフィスは筒抜けです。恐らく夜中に学生たちが冗談でやったことでしょう。私たち院生三人はドアが取り外されたオフィスにルブキン先生ご自身がどう反応されるか興味がありました。そうしたらルブキン先生がエレベーターからおもむろに出てこられて、自分のオフィスに向かい、いざドアを開けようとドアの取っ手を摑もうとされる。しかしドアそのものがそこにはもうありません。私たちのほうを振り返って「*Goro*、オフィスのドアがないよ……」と言われました。ルブキン先生はドアの非存在を背理法で証明されたのです！

ここで思い出しましたが、あるアイデアの書いてあるノートを私に見せようとオフィスに二〇箱くらいある段ボールの中を探し始めたのですが、見つかりません。これらの箱には未発表の論文の下書きが入っているらしく「ああ、これもまだ手をつけてない……」とその量の多さにうんざりした様子でした。私のほうはその何万ページにもなるであろう論文の量に驚きました。

苦い経験

また私のロチェスターでの学生時代にこんな苦い経験がありました。大学院レベルの代数学講義をある若い助教授から取っていたのですが、その助教授は講義ノートもしっかり準備してあって、ある意味では良い講義をされました。ところが、私は小学校からの個人的な伝統で宿題はやらない[8]し、この教授の説明の仕方とか考え方がどうも肌に合わず（少なくともそれを言い訳にしていました）、しまいに試験にもパスせず、その学期の成績は何とF、すなわち不合格をいただいてしまいました。

こんなときです、日本にいた頃よく味わった小・中学生のときのあの独特のいや～な気持ちがぶり返してくるのは。これは博士課程一年目のことです。その不合格のために直ぐに、フェローシップは取り上げられました。フェローシップというのは税金なしの奨学金のプレゼントです。それでもまだ、ロチェスター大学の高い授業料は数学科が出してくれましたし、ティーチング・アシスタントシップも取り上げられることは幸いにしてありませんでした。大学院生に数学科事務から、この高額の授業料を自分で出せと言われたら、それは「成績不振のため退学」というメッセージがそこにはあるでしょう。次の学期に同じ代数学講義を今度はルブキン先生から取ったら見事にパスし(成績はAでした)、また直ぐにフェローシップも戻ってきました。

しかし、その頃の私には実に恥ずかしくて苦い経験であったことは今でも忘れてはいません。私にはルブキン先生の考え方のほうが遥かに自然に感じました。何よりも気に入ったのは、ルブキン先生は宿題を出すことにまったく興味はなく、それにもっと気に入ったことは、ルブキン先生の最終試験の時間は無制限だということでした。伸び伸びとしたものです。午後三時から始まって私は七時、八時ころまでには切り上げましたが、夜の一一時まで頑張っていた者もいたと聞きました。

こんな山あり谷ありの頃です、中学生のときに母に言われたように高校には行かずに近くの製紙工場に就職していたらどんな暮らしをしていたのだろうかと思ったのは。フェローシップを取り上げられてしまったとき、大学病院のコンピューター部門でアルバイトをしました。多くの請求書が書かれた長い紙を機械で剝がしていく仕事でした。中学校卒業後に例の製紙工場への就職の道を進んでいたら、このような暮らしをしていたのかもしれません。このアルバイトの時期にこんなこともありました。病院のこの部門での医学博士でもある部長がある朝出勤してきてデスクの上を見ると、そこには「馘首」通知があったそうです。その日から彼は新しい仕事探しを始めました。

アメリカの大学の伝統である学生のクビ切りすなわち「退学」というのはただの脅しではありません。アメリカのどの大学でも「成績不振学生の退学」を実行する伝統的な機能が学部及び大学院にあるから怖いです。しかし、この退学というのは横着者の学生にとって極めて効き目のある大切なアメリカの伝統(くすり)であると思います。言うなれば、この「恐怖」を感じたからこそ、私のような横着者かつ盆暗でも、アメリカで切羽詰まらされながらもなんとか頑張れたのだと今では確信しております。私たちの同期生の中でも退学(kick out)となった人もまあまあおりました。

日本でも教授が内容豊かな講義をきちんとして、退学も確実に実行したら、はたして日本の学生の心構えとか生活態度はどう変化するのでしょうか。入試もいらなくなるでしょう、なぜなら、怠ける学生はたとえ入学してもどっちみち退学になるのなら時間とお金を無駄にするだけですから。

ついでに失敗談をつづけますと、博士号を得るためには筆記試験(qualifying exam、内容はというと代数学関係では線形代数、群、環、体、ガロワ理論まで、幾何学関係では位相空間論と代数的トポロジー、解析学関係では実函数と複素函数、測度論、ヒルベルト空間、バナッハ空間、……)があります。これにも一度落ちてしまいました。あまり準備しなかったので、落ちるのは当然のことでした。筆記試験は二度のチャンスがあり、二度目も落ちるとやはり博士課程を退学になります。またもや、切羽詰まって、今回はしっかりと勉強して二度目でやっとパスしました。

ルブキン先生の優しさ

このように事がスムーズに進まず冴えない出来事の多かった学生時代ですが、挫折ばかりでもなかった証拠をこれから書きます。先ほどお話ししましたようにフェローシップを取り上げられてしまうという格下げですが、この失敗談にはどんでん返しのつづきがあります。

その失敗の直ぐ後「ハイパーファンクション(hyperfunctions＝佐藤超函数)とコホモロジー」のセミナーを自主的に始めました。(9) ルブキン先生もこのセミナーに出席してくださいました。アメリカ学士院の雑誌"Proceedings of the National Academy of Science"(PNAS)というのがありまして、そこにこのセミナーから出てきた結果をルブキン先生との共著論文にして送ったところ、それがまた見事に出版となりました。ルブキン先生はこれに似た結果を一九六〇年代の初めにハーバード大学でのセミナーでも得ており、それを共著として発表したわけです。

この論文がいざ出版されたら、直ぐにフェローシップの額が前の二倍に増えたのです! そのとき思いました、「このアメリカという国はいったいなんという国だろうか。ダメならあっさりとクビにするが、調子が良ければ扱いもガラッと良くなる」と。

ルブキン先生にはとても優しいところがありまして、この論文がPNASから出るという知らせがルブキン先生に届くと、わざわざ私のアパートまで車で来てくれて、先生は私の住所しかご存知ないので、その頃住んでいたメンロ通りから私のアパートのほうに向かって「PNASからの出版が決まったぞ〜」と大声で知らせてくれました。メールもない頃の、何と大らかな知らせ方でしょう！　ということは、当時は私のアパートには電話がなかったのかもしれません。

この論文が私の論文第一号です。このメンロ通りに移る前は女性権利運動家のスーザン・B・アンソニーも葬られている大きなマントホープ墓地の一角に住んでいました。大家の家の屋根裏のような台所もない二部屋に一カ月一〇〇ドルの家賃で住んでいました。一九七五年頃の大学院生の普通のアパートは家賃二五〇ドルくらいであったでしょうか。冬になるとリスが天井の穴からベッドルームに入ろうとするのを防ぐためダックテープで穴を塞いだりして過ごした安モノのアパートでした。

ルブキン先生の生活スタイル

ルブキン先生には実に多くの思い出があります。四〇年後の今となっては懐かしさを覚えます。そのほんの一部をつづいてお話しします。ルブキン先生はロチェスター大学の最初の二年間くらいは独身で、家にはシャム猫が二匹いました。ニューヨーク市の実家を訪問して留守をされるときなど猫に餌を与えることを先生によく頼まれたものです。その餌を与える手順がまるで数学のように書いてあるのです。

［ステップ1］　猫の餌の入った缶と缶切りとスプーンと皿をテーブルの上に見つけること。

［ステップ２］　ステップ１で見つけた缶切りを使ってその猫の餌の入った缶を開けること。

［ステップ３］　ステップ２で開けた缶の中身をステップ１で見つけたスプーンを用いてステップ１で見つけた皿に入れること。

［ステップ４］　……

といった具合に、説明は二ページに及び、空き缶をゴミ捨て箱に捨てる方法までちゃんと書いてありました。まるで代数幾何学の講義のような完璧さでした。

宗教的には、ルブキン先生は敬虔なユダヤ教徒で、金曜日の日の入りからはサバス（「安息日」という意味）といって心も落ち着かせて休まなければなりません。ポケットも空にして、電気のスイッチも入れてはいけないという宗教上の決まりです。

そこでユダヤ教徒でない私が、（発音は間違っているかもしれませんが）「シャバスゴイ（Shabbas goy）」、すなわちユダヤ教徒の家に行って電気のスイッチを入れたりするなど、サバス中にユダヤ教徒がしてはならないことを代理としておこなうのが私の役です。この役を何度も頼まれました。

先生がテレビを見たいときなども、私がテレビをオンにします。見る番組もルブキン先生がこの番組を見たいと言ってはならないのですが、でもヒントはくださいます。それでルブキン先生は「チャンネル２はニュース、チャンネル５はドキュメンタリー……」、そして、声のボリュームを上げ「チャンネル８はワンダーウーマン！　*Goro* はどれが見たい？」と聞かれる。それで私は「そうですねえ〜、今日はドキュメンタリーが面白そうですね〜」と言うとルブキン先生はちょっとがっかりしたご様子でしたので……、それでつづけて「でも、どうしようかなあ。じゃあ、今日はチャンネル8のワンダーウーマンが見たいですね」と言うとルブキン先生も大賛成され、それで、めでたしめでたしです。

木村達雄教授が書かれた本であったでしょうか、「弟子になるのが上手な人と、そうでない人がいる」と言われました。ただ「馬が合った」のかもしれませんが、私はルブキン先生に対しては弟子になるのが下手ではなかったようです。それに、ルブキン先生の論文の共著者は私だけです。

デイヴィッド・プリル教授

ルブキン先生以外で印象的に残る講義といえば、ドイツ系アメリカ人のプリル(David Prill)先生の多変数複素函数論講義です。代数曲線論におけるプリル問題で知られたデイヴィッド・プリルです[10]。

プリル先生の多変数複素函数論はどちらかと言えば代数的でしたが、要《かなめ》のところは函数論がものを言っていたように記憶しています。多変数複素函数論を今あるような大きな理論に導いた本家本元は何と言っても Kiyoshi Oka(岡潔)です。

この分野も今では抽象化が進みグロタンディエック流の代数幾何学の影響を受けて一般化されています。複素解析幾何学(リーマン面の一般化としての複素空間論の研究)とも言われて代数幾何学と並行して進展しているところも多いと思います。この Oka の定理なしでは連接解析層の理論は始まらないという大定理、すなわち、複素解析函数の硬い層自身の連接性は、この岡潔によって証明されました。一九六〇年代の中頃に出版されたガニング-ロッシ(Gunning-Rossi)による多変数解析函数論の教科書が書かれていた頃、プリル先生はプリンストン大学でガニングの学生でした。

このプリル先生は厳格性に対して鋭い目を持っておられ、博士論文の審査のとき、ある部分の不適格なところを指摘されてその博士論文が通らなかった(または後回しになった)という話を聞いたことがあります。それが怖くて、ある学生は博士論文をディフェンス(審査)する時期をプリル先生がドイツを訪問している年にわざわざ合わせたという噂も聞きました。

プリル先生の多変数解析函数論講義で印象的だったのは、プリル先生がKiyoshi Okaの大定理の証明を講義されたとき(三段帰納法だったか……)のこと、プリンストン大学でのガニング先生の講義中のコメントについて話してくれました。ガニング先生曰く「君たちの中で、もしOkaの原論文を直接読もうと思う者がいたら、尊敬してあげます。しかし、どっちみち理解できないでしょう」。そのときです、私も黙っておればいいのに「Okaの書いたエッセイを読みましたが、Okaによれば、数学の研究というものは情緒でするのが本当だ、と書いてありました」と大きな声でプリル先生の講義中に言いだしてしまいました。そのとき、プリル先生は「もしそれが偉大なOkaの数学研究法なら、君たちにはOkaのような高尚な研究方法は向いていないだろう」と言われました。

なるほど、と思いました。H・カルタンは皆が理解できるように岡潔の理論をコホモロジー的に翻訳してくれたのかもしれません(因みに、カルタンのご子息の奥さんは日本人です)。誰でも大論文を一応読むことはできますが、「どの程度の深さまで理解できているのか」が問題です。論文なり専門書を読んで本当にその理論の中で自由に自分の考えで動き回るようにできたかどうか、それが大切なことであり、大変難しいのです。

読んで、そのレベルまで十分理解できた論文は私には未だに一つもありません。著者の意図する思想・哲学的背景がわかり論文の意味を本当に理解したと言えるのはその後のことです。そこまで到達できた人は、その論文の向こう(yonder)が見える人でもありましょう。二〇世紀の中頃に、パリに集うノルマリアン(エコール・ノルマル出身)のパリ学派でも、ドイツのミュンスター学派でもない、極東の島国の数学者 Kiyoshi Oka が次々と発表していった大論文を深くそして正しく理解できたのは、当時フランスのカルタンを筆頭に、ヴェイユ、他はセールとか、そして、ドイツではベーンケ、ツーレン、グラウエルト、とかいった方々のみであったでしょう。

プリル先生には特別の思い出があります。博士号取得の筆記試験に失敗し、ようやく二度目の試験で通りました。プリル先生の奥さんが後でこっそりとお話ししてくださったことです。プリル先生はそんな危うい学生を心配してくださっておられたのでしょう。なんとか筆記試験に私が合格したとき、「(プリル先生が)大学から家に戻ったときに、*Goro* がパスしたぞ! と大喜びで腕を振りながらドアから入ってきましたよ」と先生の奥様が教えてくださいました。これを聞いたときは、嬉しいやら、情けないやら、ありがたいやら……。本当に泣けるほど嬉しかったです。

これはこうも解釈できます。私が博士号筆記試験にパスするくらいのことでプリル先生が大喜びされるレベルの学生であったことの裏付けかもしれません。人から好感を持って可愛がっていただけるということが、その人がノーベル賞とかフィールズ賞でももらえるような特別なレベルの人ならいざ知らず、凡人としてこの世で生きていく筆者にとっていかに大切であるかをいくら強調してもしきれません。

プリル家には米国の祝日である感謝祭、クリスマスとか週末のパーティーなどに私たち学生を招待していただきました。このようなことは学生にとっては大変ありがたく、心が温まることなのです。私はプリル先生の心温まる優しさをいつまでも忘れてはいけないのです。

岡潔の「連接定理」

多変数函数論に最も関心があったカルタンにとり、強く印象付けられた数学者はいうまでもなくKiyoshi Oka(岡潔)でしょう。解析函数の層$\mathcal{O}$に関する岡潔の連接定理のいう「連接」とは、すなわち「何が何によって連接しているのか」を説明すれば次のようになります。まずは$\boldsymbol{\omega}$を$\mathbb{C}^n$の開集合とします。$\boldsymbol{\omega}$内の点 z で、$\mathcal{O}_p(\omega)$の元$\boldsymbol{F}_1,\dots,\boldsymbol{F}_q$を

$$g^1\boldsymbol{F}_1+\cdots+g^q\boldsymbol{F}_q=0$$

とするような解析函数の組$(g^1,\dots,g^q)$の全部を$\boldsymbol{R}_z(F_1,\dots,F_q)$として、これらから作った$\mathcal{O}_q$の部分層を$\boldsymbol{R}(F_1,\dots,F_q)$とします。そのときに次の二つが存在します：まずは z を含み、$\boldsymbol{\omega}$

に含まれる開近傍 ω^* が存在するということ、次に ω^* で定義された $R(F_1,\cdots,F_q)(\omega^*)$ の有限個の $G_1,\cdots,G_r$ が存在して、そのときにそれら $G_1,\cdots,G_r$ が層 $R(F_1,\cdots,F_q)$ を次のようにどこでも生成することができます：すなわち、ω^* 中ならどの点 w でも先の $G_1,\cdots,G_r$ で $R_w(F_1,\cdots,F_q)$ が生成できるという定理です。層の言葉を使うと、ω^* 上で定義された同じ生成元によって ω^* 内の点ならばどこの茎(stalk)も同じ生成元 $G_1,\cdots,G_r$ によって繋がって(連接して)いる、すなわち、ω^* においては大域的な生成元があるということです。

面白いことに、岡先生が子供の頃に好きであった「箱庭」に当たる小さな世界が ω^* なら生成元 $G_1,\cdots,G_r$ が大域的に(実世界のスケールのように)振る舞うというのですから、「三つ子の魂」はひょっとして永遠の定理に繋がるのかもしれません。これが先ほどの「何が(茎が)何によって(ω^* 上という意味で大域的な生成元によって)連接しているのか」の説明です。ここに書いた別名《岡潔箱庭大定理》も含め、岡の理論が魅力的に描かれている『岡潔／多変数関数論の建設』(大沢健夫著、現代数学社、二〇一四年)という優れた本があります。

ロチェスター大学の思い出の人々

ロチェスター大学の数学科の教授であったブラジル人で函数解析学(無限変数の解析函数論)専門のレオポルド・ナホビン(Leopoldo Nachbin)先生のことを一言書きます。ナホビン先生は穏やかで温かい性格の数学者で（奥さんは映画俳優と聞いております）、シュヴァルツの超函数論（distribution theory）の講義は実に整然としたものであり板書もそれは美しいものではありましたが、内容はドライなほうでした。このナホビン先生がグロタンディエックとTopological Vector Spacesの本を共著で書く予定[11]であった人です。それこそ人生の節目の一つになりえた話ですが、私にブラジルのある大学に行かないかというお誘いがナホビン先生からありました。これは（またもや）妻の反対で、その道には向かいませんでした。もしも、ナホビン先生のお勧めのブラジルの大学に行っていたら、今頃はどんな人生になっていたのでしょう、想像すらつきません。今でもわからないのですが、人生で別の道に進んでいったほうが本当はよかったのか、どうか……。

多変数複素函数論のプリル先生、函数解析学のナホビン先生、チェアーマンのトポロジーのヤング先生の他、その頃のロチェスター大学の教授といえば、位相空間論のストーン（A. H. Stone）、函数解析学のケンパーマン（J. H. B. Kemperman）、エバーライン（W. Eberlein）、「Nanbu（南部陽一郎）の理論の捉え方は、あるいは、Nanbuの考え方は……」と、よく話しておられた数理物理学のエムシュ（G. Emch）、ホモロジー代数のワッツ（C. Watts）などの教授がいらっしゃいました。

博士論文のテーマの選び方

いよいよコースワークも終わり、筆記試験、口頭試験、外国語二つ[12]をクリアーして、博士論文を書く段階に来ていました。前にお話ししたようにロチェスター時代は日記をつける心の余裕がありませんでしたので、日記を見て確かめるわけにはいきませんが、その日のことは忘れもしません。

あれは一一月の雪も降りそうな寒い午後のことでした。ルブキン先生にキャンパス内のファカルティー・ダイニング・ホール(教職員用の食堂)でのランチをご馳走になり、オフィスへの帰り道「そろそろ博士(Ph.D.)論文を書かなければならない頃と思いますが、何か問題をいただけますか」と尋ねました。そうしたらルブキン先生が次の二つから選びなさいと言われました。「一つは、素数標数の代数多様体の特異点の解消」と言われる。これを聞いて、「マサカ！　冗談でしょう！　正気とは思われない。もうオレはダメだ」と絶望でした。それは当たり前のこと、この問題は天下の広中平祐先生が解決しようと思っていた大未解決問題です。これを聞いたとき、ロチェスターの晩秋の冷たい風が背筋を走りました。

そうするとルブキン先生、「もう一つはヴァイアーストラース族(Weierstrass family)のゼータ行列だが、どちらにするかね？」と聞かれるので、大慌てで「二番目のほうがいいです！」とゼータ行列のトピックスに飛びつきました。となると、ルブキン先生は初めから、標数$p>0$のヴァイアーストラース族のゼータ行列を*Goro*にやらせてやろう(*Goro*にひょっとしたらできるかもしれない問題)と思われていたのでしょう。まったく冷や汗をかきました！

後々になって思ったことですが、ジェネラルナンセンス的方法(数学固有のことばで、完全系列、コホモロジー、スペクトラル系列などを使って議論する方法)は訓練されていましたが、このような問題には不慣れでした。ヴェイユ・コホモロジーと数論(そして少しの楕円曲線)のからくりを感じ取るためにも、私にはある意味でこの問題は向いていたのかもしれないとずっと後で思いました。そういった細かい気遣いにルブキン先生はあまり興味ないと思っていましたので、もしそれを意識しておられたのならとても有り難いことです。優秀で自立心と実力のある人なら自分で博士論文のトピックスを見つけられるでしょうが、私にはそれがありませんでした。

当時の問題意識

一九五五年くらいから始まりつつあった一九六〇年代の代数幾何学はグロタンディエックが中心人物であり、コホモロジーの自然さに基づいたヴィジョン（ヨガ＝哲学）による一般化（generalization）及び抽象化が大いに流行していました。この自然さは函手的（functorial）のみならず概念上の自然さも意味します。そんな途轍もないほどの一般理論をいったん具体化すると、コホモロジーに誘導されたフロベニウス射をうまく計算すればゼータ函数の分子の係数とかいった正確なインフォーメーションが原則として得られる、そんな大地に根の張った健康な一般化なのです。

さすがのグロタンディエックでも、全力投球の日々に疲れたのでしょう、一九六八年頃からグロタンディエックのエネルギーと情熱が数学から離れつつありました。エコール・ノルマル出身の英雄グループが立ち上げた数学者団体ブルバキからも一九六〇年には離れ、その一〇年後一九七〇年にはI.H.E.S.をも辞めて、世界の数学の中心の一つパリから遠く離れたフランス南部にあるモンペリエ大学での隠遁生活へと激変です。当時は古臭かったフランスの数学を書き換えようと立ち上がった英雄たちの集団がブルバキであったのですが、そんな革新派ブルバキ流に対して、再度立ち上がったのがグロタンディエックです。グロタンディエックにとってはブルバキ流ですら生ぬるかったのでしょう。

その頃の世相といえば、一九六〇年代の後半はカリフォルニアのヒッピー時代であって学生運動の盛んな頃でした。資本主義というか、儲け主義に反対する空気が社会に流れておりました。築き上げられた社会に抵抗しようとして大学では学生は素足で歩き回り、髭を伸ばして長髪が増え、教授がネクタイをしなくなったのもこの頃です。フォークソング歌手のPPM(Peter, Paul & Mary)とか(圏論的手法の物理学者ジョン・バエズの伯母である)ジョーン・バエズとか、ボブ・ディランなどが出たのもこの頃でしょう。今ではお金儲けに忙しい七〇歳前後の人たちはその頃は青年であり世の中を変えてやろうと情熱的でした。このような運動は日本にもパリにも飛び火しました。

一般論を特別なヴァイアーストラース族という代数族(環上のスキーム)に応用するのが私の博士論文の問題でした。とは言うものの、自明でないゼータ函数の意味のある具体的な計算例はあまり多くはありません。しいて挙げれば、楕円曲線(ヴァイアーストラース族は非特異なファイバーすべての楕円曲線を含んでいます)とか、超楕円曲線(K. S. Kedlaya の二〇〇一年の"Journal of the Ramanujan Math. Soc."をはじめ、coding にも関係した多くの論文もあります)、p-進弦理論に関係したフェルマー曲線のゼータ函数といったところでしょうか。そのような計算なら、一般の高次元の特別な場合を具体的に観察することができるという利点もあります。これで我が Ph. D. 論文のテーマは決定となりました。

その後、この論文についてヴェイユ先生に、もっとすっきりとしたキャノニカルな(canonical)持ち上げ(lifting)経由のバゥンデッド・ヴィット・コホモロジー(Bounded Witt Cohomology)を使う別のやり方についてお聞きしたかったことがあったので、手紙をヴェイユ先生に書きました。しかし、こちらの方法は少しやってみましたが上手く行かず、また諦めました。

ずっと後のことですが、このヴィット・コホモロジー理論でのバゥンデッドという条件は不必要とのドゥリングの指摘がありました。この指摘があったときもですが、「ところで、ついでに話すと……」と、いった具合に、ある夕方の台所でのドゥリングとの会話中のコメントでした。こちらにとっては大変な驚きでした。こんな「ところで……」で始まるようなドゥリングのコメントで数学界の耳には届いていないものはいったいどのくらいあるのだろうかと思いました。

あぜん、ルブキン先生による個人レクチャー

博士論文のテーマは決まりました。ルブキン先生自身は数学の歴史にあまり興味を持っておられるとは思いませんが、この問題の特別なケースをガウスはすでに考慮したと先生から伺いました。大数学者ガウスのことだから、自身の数学日記に二〇〇年後のことをちょっと仄めかしたのでしょう。博士論文のテーマをいただいたランチ後の晩秋のゾッとする氷風の吹いていたその日から緊張感がつづきました。でたらめなことも含めてコホモロジーを計算しようとガチャガチャやり始めま

した。それでもだんだんと形が整ってきてルブキン先生に見せられる程度になってきましたので、途中経過を見てもらいましたが、どの程度詳しくチェックしていただいたのかはわかりません。

その頃、ルブキン先生は代数幾何学セミナーで代数族(algebraic family)のゼータ行列のための一般化された p-進コホモロジー論を進めておられました。まさか私の博士論文のためにセミナーの内容を選ばれたとは思えませんが、私にとってはちょうど良かったわけです。

日記をその頃は書いていませんでしたのではっきりした時期はわかりませんが、そんなときのことです。ルブキン先生は私だけに講義をしてくださいました。ヴェイユの合同ゼータ函数と p-進コホモロジーの関係についてです。すなわち、この講義ではフロベニウス写像が有限生成のコホモロジーに誘導する(逆)特性多項式とゼータ函数の話でした。

これを聞いたとき、深刻な気持ちになりました。同時にそれは物凄い衝撃でした。あれはなんでしょう。私のような人間が見てはいけない深遠なものを覗き込んだような圧倒された気持ちになったのです。この日かもしれません、自分のやって来た数学が世界と繋がったと感じたのは。そして、頭を何か質量がとてつもなく大きな物にぶつけたような自分の能力の向こうにある何かの存在を感じました。

ある意味ではその衝撃の余韻は半世紀後の今でもイメージとしては残っています。ヴェイユ・コホモロジーというものが、有限体上のスキームの持っているすべての数論的なもの(有理点の数)を内在している、それをフロベニウス射が絞り出す能力のような……。しかもそれがトポロジー(コホモロジー）の関わりによって決まってくるのです。

博士論文のディフェンスは二度

博士論文の審査会議のときに審査員のどなたかが私に質問すれば、ルブキン先生は恐らく途中から「そこのところですが、*Goro* が本当に言いたいのは……」と口を出され、先生のコメントが延々とつづくことでしょう。そうと判断されたのか、驚くなかれ博士論文審査（ディフェンス、口頭試問）を二度受けることになりました。一回目はルブキン先生抜きです。その一回目のときは他のメンバーからの私の博士論文の内容に対する質問がありました。

二回目は審査委員会のチェアーマンである我が博士論文指導教授（my Ph. D. advisor）ルブキン先生ご出席のもとにおこなわれました。いよいよ Ph. D. Thesis Defence（博士論文の審査）の日が一九八八年の終わり頃に来ました。世の中は広いといいますが、博士論文のディフェンスを二度やった人間はまずいないでしょう。第一回目でやったように私が論文の説明を終えると、チェアーマンであるルブキン先生が審査委員に向かって「それでは質問はありませんか？」と聞いたのですが、第一回目で質問は済ませていますので誰もう質問はしません。ルブキン先生は少し不思議そうなご様子でした。

まったく質問ゼロでは変だというわけで、審査委員の一人が「ヴェイユの合同ゼータ函数と古典的なリーマンのゼータ函数とはどう関係しているのか？」と聞かれましたが、そのときは答えることができませんでした。その後、部屋を出るように言われ、部屋の外で審査委員会の判決を待っていました。一〇〜一五分もしたでしょうか、審査委員全員がニコニコして部屋から出てきて「おめでとう!」と言いながら全員が握手をしてくれました。その瞬間が Mr. Goro C. Kato から Dr. Goro C. Kato に変わったときです。実にはっきりしています、それで正式な Ph. D. の終了です。

中学生のときは下から数えて何番目の成績でしたので、母は三河弁で末っ子の私に「兄たち(父も母も同じ旧制中学の出身)は同じ高校に行ったけど、お前は行かんでもええ。中学を出たらある製紙会社にコネがあるから五郎は就職してもえぇよ」と言ったのをまた思い出しました。そのときは子供ながら「己はお母さんからも諦められたのかぁ〜」と思いました。近所の人たちは恐らく「加藤家の息子さんたちはみんなよくできるが、末っ子がちょっとねぇ〜……」ときっと話していたことでしょう。

その日 Ph. D. 審査の終わった夜は日本の両親に、このことを伝えるために当時高額な国際電話をしました。そうしたら、父は大変喜んでくれました。次に電話に出たのは母です。そんな中学生のときから十数年後、一番心配させた末っ子からの国際電話に対して、母はこう言いました、「五郎、よう頑張ったねえ〜、……、本当によう頑張った……」と。お恥ずかしながら、ここを書いているこの今、涙がどっと溢れてきました。そんな母は二〇〇八年に他界しました。学業がまったく冴えない末っ子をよく知っていた母しか味わえない喜びもこの言葉には含まれていたのでしょう。母と出来の悪い末っ子のドラマがこんなところにもあったのです。

面白おかしく書きましたが、ロチェスターでの日々はかなり切羽詰まっており実に辛いものでした。そんなとき、先の見えない重さに圧倒されて米国で自分の命を終わらせようと考えればピストルに弾丸を込めた時点で止めないと自殺は成功してしまいます。アメリカではピストルがあるから怖いです。引き金を引くという、すなわち、人差し指をたったの半センチメートル動かすという些細な行動だけで逆戻りできない終わりが来ます。勤めているこの大学で、八、九年前だったでしょうか、テニュアー付きの准教授がピストル自殺をしました。書き置きに「なんという爽やかな朝だろう。すべてから解放される……」とあったそうです。

仮に、この人生を終えて、もう一度生まれ変わってきたとしても、次の人生で数学はしません。ルブキン先生のような数学者とは再会できないでしょうし、本音の理由は、私が選んだような数学の分野は私には深遠すぎて難しすぎるということです。自分を慰めるつもりで言うならば、あまりにも優れた数学者との出会いがありすぎたこともあるでしょう。私の一番上の兄が「博士号なんていうものは学者になるための運転免許証みたいなものだ……」と私が高校生のときに話してくれました。しかし、「己にとっちゃあ、えらく難しい運転免許証だった」と思いました。

3 再びプリンストンへ

朝に道を聞かば、夕べに死すとも可なり
——『論語』

京都からプリンストンへ

一九八七年、日本の秋と冬を久しぶりに経験した後、桜咲く日本から舞台はレンギョウとシャクナゲの咲くプリンストンに移ります。

さっそくダイニング・ホールで、当時はまだお元気だったヴェイユ先生との二年ぶりの再会ができました。その日の会話から始めましょう。

私：「ヴェイユ先生、今日は私の家族を紹介したいと思います。これはワイフのクリスティーン、そして息子のアレクザンダーです」

その頃の息子は三歳弱でした。今度は家族に向かって「この方がヴェイユ先生です」と紹介すると、

ヴェイユ先生：「アレクザンダーにとっては、私がブルバキであろうとなかろうと、まったく関係ないよね」

という会話から始まりました。

私：「アレクザンダーは二歳と九カ月です」

とヴェイユ先生に話したら、息子がヴェイユ先生にむかって

アレクザンダー：「ほとんど三歳です！（*I am almost three!*）」

と。その頃ヴェイユ先生は八二歳でした。

ヴェイユ先生：「彼の言う通りだ、ほとんど三歳だね！」

と声をあげて大笑い。そのとき、ヴェイユ先生は妻に、京都では友だちをたくさん作ることができましたか、とか日本滞在のことをいろいろと尋ねられました。

その後、ダイニング・ホールを出て、プリンストン高等研究所の裏庭の芝生の上を走り回るアレクザンダーに「アレクザンダー！……アレクザンダー！」と呼びかける八二歳の老大数学者とその周りを走り回るほとんど三歳の息子のその和やかな風景が今もはっきりと甦ります。ヴェイユ先生は何度も、何度も手を振ってからフルド・ホールのコモン・ルームに入っていかれました。それは今から三一年弱前のことです。二〇世紀の数学界に深淵なインパクトを与えた今は亡き大数学者の

心温まる一風景として書かせてもらいました。

この一九八七年の二度目の研究所訪問ではC棟の101オフィスを与えられました。このオフィスは一九八六年に来たときはまだラングランズ先生のオフィスでした。前年は、この部屋をマイケル・アティア先生が使っていたので、アイリーンという冗談のわかるC棟の秘書に「アティア教授のオフィスの後釜とは、*Goro* も大物になったものだねぇ〜」と冷やかされました。どういうことかと言いますと、アインシュタインが使っていた部屋が空いたので、ラングランズ先生がその由緒あるアインシュタインの部屋に一年前に移られ、それまでラングランズ先生のオフィスであったC101が空いてしまったのです。しばらくの間は *Kato* にでも貸してやるか、ということになったのです。

そのときに面白い経験をしました。ヴェイユ先生のオフィスは二階のC201、ボンビエリ先生はC207、ボレル先生はC204といった配置で、C101はちょうどヴェイユ先生の部屋の真下に位置する大きなオフィスでした。天井にヴェイユ先生の気配を感じたときは緊張まではいかないまでも「ヴェイユ先生がオフィスに来られたな」と意識しました。秘書にからかわれたように、C棟にオフィスのある若い訪問者からも勘違いされて丁重な扱いを受けました。気分は悪くはなかったとはいうものの、どうも人を騙しているような気がして、申し訳ない(そしてまた自分に対しては情けないなぁ)と思いました。しかし、数学で立派な仕事を(勘違いではなく!)本当に成し遂げることができれば、やはり人からの扱いも変わってくるものだと感じました。

ところで、アインシュタインのオフィスで思い出しましたが、ある日突然トイレに行きたくなり、一番近くにあるフルド・ホールの一階の左端のトイレに駆け込み座っていました。そのトイレはアインシュタインのオフィスの隣にあるトイレでしたので「三〇年以上前アインシュタインもここに座っていたのだなあ〜」と思いました。ついでにアインシュタインの話を一つ。テレビのドキュメンタリーで見るといつもニコニコ顔のアインシュタインですが、ふだんの日々はできるだけ人目を避けて家とオフィスの往復を繰り返していたとのことです。そんな話を生前のアインシュタインを知っている方から聞きました。

これもダイニング・ホールでのヴェイユ先生とのランチのときの話です。私の息子は私に負けないほど長い間母親の母乳を飲んでいました。そんな話題がランチのときに出ましたので、ヴェイユ先生に「ヴェイユ先生は何歳になるまでお母さんのオッパイを飲んでいたのですか」と聞いてみましたら、さすがのヴェイユ先生もそのときの反応は大きくて、そして嬉しそうでもあり、あのときのヴェイユ先生の顔をなんと表現すればいいのか……「それは〜知らない……」と答えられました。それで、私も「ヴェイユ先生のお母さんだけかもしれませんね、何歳までオッパイを飲まれたかを覚えているのは」とは言いましたが、きっと面白いことを聞いてくる奴だと思われたでしょう。しかし、話題の解析接続(analytic continuation)とはいえ、こんな質問をヴェイユ先生にしたのは、恐らく空気の読めない私くらいのものかもしれません(この「空気が読める」という表現は二年ほど前に初めて聞きました。面白い表現だと思います。ついでに申しますと、社会の「しがらみ」という言葉は四、五年前の日本での小学校六年のクラス会で初めて聞きました)。大数学者ヴェイユ先生にえらく俗っぽい(down to earth)質問をしたものだなあと、今さら反省してみても、もうどうしようもありません。

ランチの話が出たのでついでに一つ。ドゥリングの食べ方はユニークです。受け皿の上に置かれたスープの茶碗からスプーンですくって飲むのが普通ですが、ドゥリングは日本人が茶碗を持ち上げて味噌汁を飲むようにスープ茶碗を持ち上げて飲みます。パイの食べ方も、フォークを使わずに、豪快に手でパイを摑んで食べるというやり方です。ドゥリングともなると何をしてもごく自然に見えてしまいます。ある意味でドゥリングは在るがまま、すなわち、素でもカッコの悪さが見当たらない人と言うのでしょうか、日々の生活からは子供のような自然な自由さと軽さを受けます。それに、ストレスというものはまったく感じないとのことです。

古欧州の火と水の祭典

ものすごく暑い日の午前中でした。ドゥリングとデイヴィッド・カズダン(David Kazhdan)による幼稚園児のための指人形「三匹の熊」の公演があり、人形とその人形劇を見る子供の顔の表情を写真に撮ってくれとドゥリング夫人のイエレーナさんからの依頼がありました。それで私もクロスロード保育園に向かいました。この二人の共演の「三匹の熊」ですが、カズダン氏の人形の扱い及び声の演技はまあまあといったところでしたが、はっきり言って、ドゥリングの声の演技のほうが熊の役の気持ちがこもっており熱演であったと言えます。

恒例のセント・ジョンズ・デイは六月二三日の七時にドゥリング家に集合ということになり、招待を受けたのはカズダン氏と私の家族でした。英語ではSaint John's Dayと書くのですが、ちょうど一二月の終わりのクリスマスの裏返しの頃に当たります。夏至・冬至の関係でもありましょう(夏至・冬至は英語ではSummer Solstice & Winter Solsticeです。聖ヨハネがキリストを洗礼した人ということになっており、この伝統にはキリスト教的な意味もあるようです)。この日を祝祭する伝統自体はキリスト教よりずっと前のすなわち六、七千年前ごろからの古欧州の魂(日本の神道のような存在)が入ったものと伺っております。これは面白くなってきたと思いました。

みんなで庭に出て、浅い穴を掘り、そこに入れる小枝を集めるのはカズダン氏と私の役目でした。いよいよ火の儀式の始まりです。プリンストンの森の隣にある広々とした庭で積んだ薪にドゥリングが火をつける。その火がどんどん大きくなっていく、その火の上をドゥリングが何度も飛び越える、これは火による禊でしょう。私もこの古欧州の儀式にあやかろうと燃えさかる火の上を飛び越える。子供たちは大喜び！　ドゥリング夫人は魔女のコスチュームを身につけて炎の上を飛び越える。

この赤々と燃える火柱、黒々としたプリンストンの森、夜空には上弦の月、炎柱を飛んで突き抜けるドゥリング、その風景は非常に印象的でした。ふと気がつくとカズダン氏の姿がありません。なんでも宗教上の理由で(彼はユダヤ教)、この古欧州の儀式には参加できず、知らぬ間にその場を去っていました。しかし、その点、日本人は融通が利く文化です。宗教上食べてはいけないものは何もないし、神道・仏教徒であってもキリスト教の教会で涼しい顔をして結婚式をする人もいます。なんという自由で(いい加減な?)こだわらない文化でしょうか。明治になったときも、髷《まげ》を切って洋服を着始め、帯から下げる最高級の根付も一山いくらで西洋人に売ってしまう。もったいないことですが大らかなものです。とにかく日本文化は便利で融通の利く文化のようです。さて、ここまでが火の儀式の部分です。その後は水の儀式に入りましたが、それは割愛します。

テーブルの上の夜中のスナック

一九九〇年、カリフォルニアを出て、シカゴ経由でプリンストンまでの三泊四日の汽車による旅は改めてアメリカ大陸の大きさを感じました。帰りも汽車を利用しました。カリフォルニアとプリンストンとの間をゆっくりと個室寝台車で往復する旅は、ある場所から別の場所への移動がいかに味わい深いものかを学んだ旅でした。それこそアメリカの西部劇に出てくるようなアリゾナあたりを汽車がゆっくりと東に向かって進んでいるとき、地平線近くの空には雷雲があって、その下には雨が降っているのでしょうか、灰色のカーテンが見えました。ぼーっと一時間過ぎてもその雷雲が左から右へほんの少し角度がずれるといったペースで進みます。人と話したくなったら、部屋を出てソファーのある居間のような車両に行けばいいし、一人になりたかったら鍵のかけられない自分の部屋に戻ればいい、飛行機では味わえないそんな汽車の旅が実に気に入りました。

この乗りっぱなしの三泊四日の汽車の旅で何より実感したのは、くり返しですがこの国の広大さです。その昔日本はこんな途轍もなくでかい国と戦争を始めたわけです。戦う相手国の戦艦、航空母艦、飛行機、大砲、石油・鉄鋼の数と量などをまずはよく調べて、その差が自国と比べて極端に大きい場合は人の命を奪うような戦争は始めないほうが賢いです。

カリフォルニア州サンルイスオビスポを出てちょうど四日目、夜遅くプリンストンに着きました。タクシーに乗るなんて便利なことはまったく思いつかず、リュックサックとスーツケースを持ちながら夜のプリンストンを歩いて、やっと予約しておいたアインシュタイン通りのアパートにヘトヘトになって到着したのは一二時を過ぎていました。ドアを開けて入ったら、何と台所のテーブルにはピッツァ、フレンチパン、クッキー、リンゴ、バナナ、レッド・ラズベリーのジャムがあり、冷蔵庫にはオレンジジュース、居間に入ったらそこにはドゥリングの子供たちの描いてくれた絵が四枚壁に貼ってありました。後でプリンストン高等研究所のアパートの管理人に聞いたら、ドゥリングが前日にアパートの鍵を借りに来て、私の夜中到着の予定を知っていたので、きっとお腹も空いているだろうと、家族全員で食べ物などを用意しておいてくださったというのです。心が温まるとは、このことです。いや、それどころか、もったいないことです。

このとき与えられた研究所のオフィスはフルド・ホールの４１３Ａでした。翌日ランチのためダイニング・ホールに向かった早々ドゥリング夫人イエレーナさんに会ったので、昨日深夜にアパートに着いたときどれだけ胃袋と心を満たされたかのお礼を言いました。そしてランチはドゥリングのご家族四人と共にしました。その日の夕方四時にドゥリング家を訪問したら、高等研究所のロゴの入ったTシャツをいただきました。それは前にクロスロード幼稚園のロゴの入ったTシャツを着ていたとき「*Kato* は幼稚園よりは *Advanced* だ」ということで、Institute for Advanced Study のTシャツをプレゼントしてくださったというわけです。

アラン・アドラー氏の論文と、もう一つベイリングソンの論文についてどう思ったのかとドゥリングに聞かれましたが、またもやピンとこなくてぼーっとドゥリングのコメントを聞いていました。自分のほうは層 $\mathcal{O}^{\dagger}_{sp(A)}$ の連接性の証明をやっていました。

ドゥリングのこだわり

この研究所訪問中は、鹿のダニに嚙まれて感染するライム病がプリンストンで大変流行していました。運転が別に上手くもなく好きでもない私ですが、ドゥリング家の車での買い物のお手伝いのために、ドゥリング家のホンダ・シビックのキーは常に私が持っておりました。日本製の車といえば、J・ミルナー氏の車も小さなホンダ・シビックで長い脚をたたみながら運転されていました。そういえば、日本の天皇陛下もホンダの車を選ばれたと聞いております。

この夏の日々の生活パターンは、夕方にプールに行き、その後は夕食となるのですが、六月二五日(月)の夕飯は野菜にハムを巻いてチーズをかけたものでした。その日のデザートはアイスクリームの上に鍋で溶かしたベルギー産のチョコレートをかけて食べるのですが、これがとても美味しかったです。チョコレートを溶かした鍋にまだ少しチョコレートが張り付いて残っていて、それを誰がなめて食べるかを「じゃんけん」で決めることになりました(私は大人ですので、そういう子供っぽいことは仲間に入れて欲しくともやせ我慢をして加わりませんでした)。奥様はただにこにこしているだけ、残りの三人、すなわち大数学者ピエーレ・ドゥリングと二人の子供たちはじゃんけんぽんをして、何と勝ってしまったのは子供ではありませんでした。息子さんはまだ五歳で、じゃんけんぽんの敗北が諦めきれない状態でしたが、そ知らぬ顔で、この大数学者は嬉しそうに、そして実に旨そうにペロペロと鍋に残っているチョコレートをきれいになめつくしました。そのとき思いました、「数学もこんな風に楽しくすればいいのだろうか」と。

あれはいつ頃であったでしょうか、三、四回目の訪問の頃かもしれません。雨の降っていた日曜日に地下室(basement)で日曜大工をするドゥリングを手伝っていたときだったか「(ヴェイユ予想の)ヴェイユ-リーマン仮説を証明した人が貴方で良かった」と生意気にも話したことがあります。「数学は童心でするもの」と岡潔先生がどこかで書いておられたと思いますが、実に嬉しそうに鍋の底をなめる大数学者を見て、なるほどなあと感じ入りました。ドゥリングがまだフランスにいたときにインタビューされたことがあり「一番好きな数学の仕方はたとえば散歩しながら考えるとか、デスクに向かって、とか?」と聞かれ、そのとき「床に寝転がって数学する」と答えたそうです。そういえば、ダイニング・ルームの床によくゴロッと寝転がっていました。私が「そのこと(数学上のある理論の一部)も未だに理解できておりません」と言ったとき、ドゥリングが「「何時《いつ》」は大切なことではありません」と言いました。この俳句的定理からいくつの「系」が出てくるのでしょう。

ドゥリングは他人の講演を聴きに行ったときのノートはすべて保管する、それは学生のときからということです。しかし自分の講演のために書いたノートはすべて捨て、またハサミとテープで作り上げた自分の論文が一度出版されれば、その下書きも捨てるそうです。これはさすがに誰かに言われて捨てることは止められたとか……。「出版は大切ですが、自分の名前は忘れられても定理は忘れられないことを望む」とのこと。その日、涼しい七月一一日の晩ご飯の献立はジャガイモとベーコンとグリーンピースとキュウリの塩もみでした。野菜はドゥリング家の畑から採れたものがほとんどでした。

みんなで海水浴へ

話は前後しますが、プリンストンを訪問したこの年の六月の終わりに、シーサイドパークというビーチに海水浴をしに私とドゥリング家の家族全員で出かけました。例によってこの人たちの中では、私の運転が一番上手ということになり、助手席のドゥリングが地図を見ながら次は右、次は左といった具合に、二時間半かけてようやく到着しました。ベルギーの海水は冷たいそうですが、大西洋のこの辺りの六月の海水は温かです。水泳パンツは後で買ってくれましたが、その日は買うことができず「下着のパンツでいいから泳ぎなさい」と言われたのですが、私は海に入りませんでした。

大らかなものです、家族全員丸見えのビーチで着替えて海水浴を楽しみました。ちょうどそのときアメリカ人の若者数人がジープで通り過ぎ、冷やかしのつもりでしょうか、ピーと口笛を吹きながら通り過ぎました。ドゥリングたちは、それにはまったく無視でした。これも欧州とアメリカとの違いの一つかもしれませんが、欧州のほうが裸に関してはより開放的であるように思われます。何回目かのイタリア訪問だったと思いますが、五、六人で地中海をモーターボートに乗っていたとき、一二、三歳くらいの女の子がいてトップは何もつけていませんでした。それはアメリカでは考えられないことです、日本ではどうでしょうか。私たちが子供の頃の昭和三〇年代は、けっこう呑気というか大らかであったように記憶しています。

この日とても印象的なことがありました。その日は海からの風が強く吹き、とてもロウソクに火を灯すことなど考えるような状態ではありませんでした。その日は息子さんの五歳の誕生日だったので、砂丘の上でのランチ(チーズとパンと少々の水)とケーキで祝いました。そのとき、ドゥリングが五本のロウソクに火をつけようとするのです。その辛抱強さが尋常ではないのです。ずいぶん長いときが過ぎたようでしたが、やっと五本のロウソクすべてに火がつきましたが、やっと灯った火が消えたり、また火をつけなおすと、それがまた消えたり……。その我慢強さには驚きました。恐らくドゥリングの辛抱強さに海風のほうが参ってしまって吹くのを諦めたのだと思います。

徹底した精神力の強さとでも表現したらいいのでしょうか、サイクリングやハイキングも付き合いましたが、体力においても実に足腰が強靭です。ドゥリングは若いときに柔道も少しやったことがあるそうです。ずっと後のことですが、ブリュッセルの家で、そのことを知らなかった息子さんを前にして、畳ではない硬い床の上で受け身を披露したことを思い出します。

この日は猛暑でしたので、帰りのアイスクリームは私のおごりでした。あんな美味しいアイスクリームと冷水は滅多に経験できません。全員がものすごく日焼けして顔は真っ赤、子供たちの皮膚はデリケートですから目の下が水ぶくれするほどのひどい日焼けでした。帰りも迷いつつ全員がクタクタになってやっとプリンストンの家に到着しました。その疲れた全員の顔を大きな木に掛けたはしごに登って記念撮影しました。

今回もセント・ジョンズ・デーを祝い、火の上を飛び越え、チェリーを食べ、ミルクとブルーベリー、ベルギー風のパンケーキを食べ、ナターリアの作ったレモン六個入ったレモネードを飲んで、みんなでロシア、ベルギー、フランス、日本の歌を歌い、花火も上げました。「この前のTシャツのサイズは合いましたか」と聞かれましたので、「いただいたTシャツはカリフォルニアに戻ったら、あたかも研究所のパーマネント教授のような顔をして着ます！」と言ったら「もちろん！」というのがドゥリングの返事でした。

プリンストンには面白い話があります。「たとえ世界が消えてもプリンストンの人たちはそれに気がつかないでしょうし、プリンストンが消えても世界は気がつかないでしょう」というのです。そんなプリンストンをアインシュタインも気に入って定住したのかもしれません。

もう一つの顔

このときの研究所訪問では長々と七月の下旬まで滞在していました。おかげで、令嬢の七月はじめの誕生日にも出席できました。次はドゥリングの節約志向者としての話です。令嬢の誕生日にプレゼントを用意し、包装紙に包もうとしてセロファンテープ（スコッチテープのこと）でまとめようとしていたら、セロファンテープが四センチメートルくらいしか残ってなく、新しいセロファンテープありますかとドゥリングに聞くと、「四センチメートルあれば十分です」という。仕方ないから、それを各々が一センチメートルちょっとくらいのをいくつかに切ってやっとプレゼントを包みました。そうしたら、子供でも包装紙を破らずに簡単に開けて中のプレゼントを取り出すことができました。こんな包装紙をテープで止めるなんて些細なことではありますが、この無駄のなさには驚きました。

日本ではどうか知りませんが、アメリカでは、たとえばクリスマス・プレゼントを子供がもらうと、プレゼントを開けようと大急ぎで綺麗な包み紙を破いて捨てるのです。しかし、この節約したプレゼントの包み方なら紙もその四センチメートルのテープも再利用さえできます。そのとき思ったことは、ドゥリングは数学においても必要なこと以外は一切書かないというやり方を貫き、それでいて必要なことはすべて完璧であろうと。また、あるとき、導来圏に関して学ぶなら、要約であるヴェルディエの卒論で十分とも言われました。

夏のアメリカの東海岸は結構雷の多いところです。その日落雷のため停電になったのですが、歩いて二、三分の私のアパートは大丈夫でしたのでドゥリング家の冷蔵庫のものを私のアパートの冷蔵庫に移し、夕食は餃子で、おやつはブルーベリーとミルクにしました。たわいもない話をいっぱいして「小学生の頃は足し算をするのに指を使いましたか」とドゥリングに聞くと「使いました。今でも使います」とのことでした。朋友西村和雄さんたちが書かれた『分数ができない大学生』(筑摩書房)という本がありますが、私は分数のできない中学一年生でした。何事も生来のゲルシュトマン症候群のせいにしてはいけませんが、小学生のとき、足し算引き算はできたのですが、小学校五、六年生の分数の足し算は何をやっているのかよく理解できませんでした。中学校に入って未知数xとかyとかが出てきた頃からやっと分数がわかり始めました。こうした理解の時間的な逆流、つまり後になって前のことがわかるという経験は他にもかなりありましたが、兎に角、他の生徒に比べて常に理解は遅れ気味でした。

ドゥリングの令嬢ナターリアと何度オセロをやってもどうしても勝てない。そこでついに令嬢に「*Kato* は頭が良くない」と言われてしまいました。オセロが一番強いのは夫人、その次が令嬢、その次はドゥリングと私、二人は同じ程度の弱さで、最後がご子息でした。それを聞いて安心しました。

七月の九日は大変な日でした。病院に一回目は夫人と令嬢を車で送り、二回目はドゥリングを、三回目は子供たちを車に乗せてお二人をピックアップでした。道すがら「ご夫人の体調が悪ければ私は子供の面倒を見るなどしてお助けできますが、ドゥリングが体調を壊したときは数学ではお助けすることはできません」とか話しながら、そのまま日本料理店へ向かって夕食でした。その日本レストランの五割引きのクーポンを持っていたからですが、夕方またもや停電となり、暗闇のなか板前さんがロウソクの灯だけで大変はりきって料理を作ってくださいました。それを見た私たち三人とも、「今日はクーポンを使うのはやめましょう」と意見が一致しました。夕食での会話は、ドゥリング家の長寿家系の話になりました。御祖母も九〇歳以上だったし、お母様も当時はお元気で、その後九九歳で他界されました。「長寿で結構な家系ですね」とドゥリングに言ったら「私も健康な食べ物をいただいているし、私の生活にはストレスがまったくありませんから……」とのことでした。数学用の紙とチョコレートはベルギー製、そして自転車もアメリカでは買わないとのことです。それはアメリカの自転車は遊ぶためのものだからだそうです。そんな会話がいつまでもつづいた長い一日でした。

カリフォルニアに帰る日が近づいてきた七月の中頃、私のアパートで夕食ということになり、餃子とラーメンとおやつにアイスクリームをいただきました。食後、ドゥリングの高校の頃の数学の話になり、一四歳のときにブルバキを高校の先生に勧められて読んだが、始めの一章を読むのに半年かかったとのことでした。いつも私の学生に話すことですが「読んだとか読まなかったとかの問題ではなく読んだ後の理解の深さが問題」だと。想像ですが、おそらくドゥリングならその一章を読んだ後、ブルバキに書かれている内容の遥か向こうまで摑めたのだと思います。積分が集合を用いて定義されていることにも感動し、また一六歳のときに複素函数論で第一微分が存在すれば高次微分も存在するということにも感動を覚えたとのことです。

金言プレゼント

一九九六年、四度目の研究所訪問は日本から直接プリンストンに向かいました。百武彗星のよく見えた春の頃でした。アメリカに向かう一週間前、故郷の我が家での四月四日(木)にこんなことが日記に書いてあります。「今は午前10：45、四畳の部屋で寝そべって(日記を)書いている。母は洗濯物を干している。桜は咲き、小鳥さえずり空は晴れ、風穏やか、家の奥のほうからひんやりとした風が感じられる……」。ほぼ一年前の一九九五年に父は亡くなりました。カリフォルニアから実家に着いたのは、父の葬式の後でした。《桜散る庭の草取らで父は去る》(不時火水)という句をそのときに作りました。

この研究所訪問のときです。杖をついて歩いている九〇歳になるヴェイユ先生のことでドゥリングに言われました。「ヴェイユは、そっとしてあげたほうがいい……」と。最初の研究所訪問から一〇年経ってみると、さすがのヴェイユ先生も変わられたなあ、とそのとき思いました。

ドゥリング家での毎日の夕食はいつものように始まり、その献立は日記に書いてあります。質素なそして健康的な夕食メニューです。たとえば四月一一日の夕食は裏庭のタンポポの葉にベーコンを混ぜたものとポテトとかいったものです。ドゥリング夫人はお母様のお迎えにニューヨークへ、令嬢は用事で学校へと不在で、ドゥリングと二人だけの食事のとき、ドゥリングから「英語がうまく話せないから恥だと息子から言われたことはないですか」と聞かれました。

プリンストン到着四日目、令嬢ナターリアの体操競技大会に御子息アリョーシャを連れて応援に行くことになりました。このゲルシュトマン症候群の男が一時間半見知らぬところへドライブというのは並々ならぬことです。行きも帰りも迷い、やっとこさの思いで無事に帰りました。たとえ一、二キロの短距離でも、AからBへ行けても、戻りのBからAはまったく別の道に見えるというのもこの症候群の特徴だそうです。このようなことはいつものことで、私が勤める大学の三階にある自分のオフィスに行き、かつ無事戻ってこられるために、各々のドアを開けたときに右に曲がるか左に曲がるか、それぞれのドアに印をつけました。オフィスに問題なく行って、戻れるようになるまで一、二週間くらいかかりました。要するに方向勘が利かないということです。このような不便なハンディキャップがあることを四〇歳の中ごろまで人に気づかれないように隠しておりました。

この訪問中に私が長年勤めているカリフォルニア州立工芸大学で出会った最も優れた卒業生のダン・コーエン(Dan Cohen)がデイヴィッド・マッシーとボストンからプリンストンまで会いに来てくれました。ダン・コーエンはIntersection cohomology で有名な「マクファーソン-ゴレスキー」のゴレスキーのほうの学生でした。研究所の私のアパートは結構広いので二人は泊まっていき、その晩は遅くまで三人で懐かしい話も含めて大いに語り合いました。アメリカ人の男子学生によくあることですが、自信過剰というか、できそうもないこともできるような言い方をすることがときどきあるのですが、このダンは逆で「その問題は私にはとてもじゃあないが……」と言っておきながら、ちゃんと解決する、そんなことをマクファーソン氏が誰かに話しているのを小耳にはさんだことがあります。

プリンストンにあるプリンストン・フレンズ・スクール(Princeton Friend's School)というクエーカー学校(Quaker school)は、ドゥリングのお子さんの通う小・中合わせた学校です。そこへ朝七時四〇分に自転車で向かいました。流行りのものは一切無視で伝統的なやり方を強調し、英語の基礎となるフォニックス(phonics)を重視し、算数もサクソン(Saxon Math シリーズ)を教科書として用いるという教育方針であることを知りました。算数にはＰＯＷ(problems of the week)という課題があり、一週間かけてチャレンジするのですが、それは成績には影響しないという価値観です。

クエーカーというのはキリスト教の何百とある新教の中の一派です。この日の夕食のときの会話ですが、この学校の前年の卒業式で生徒たちは別れが辛くてわんわん泣きになってしまい大変なことがあったとドゥリングから聞きました。私もそれを聞いて感動し「それは素晴らしいことです」と言ったら、ドゥリングも大いに賛成してくれました。ここで、村長(区長でしょうか)をしていた明治一桁生まれの私の祖父加藤東太郎のこれに関係したことを話させてください。第二次世界大戦のさなか村民の前で一人一人の戦死者の名を読み上げたときに思わず号泣してしまい、そこで聞いていた叔父はとても恥ずかしかったそうです。この話は叔父から一〇年前に聞きました。そんな祖父が私は好きです。

ドゥリングとの会話はつづきます。その頃英語で「Dah!」という、日本語では「そんなの、あったりまえ！」といった意味の表現が流行っていました。ドゥリングに「誰かの数学の講演中に、もし貴方がDah! と言ったら、想像してみてください、皆が床に転げて笑っちゃいますよ！」と悪戯っぽく言ったので、これまた大笑いになりました。そのときふと思ったのは「ちょっと待てよ、ドゥリングは本当にそう思ったときがかなりあるのではないか!!」と。そのあとはクエーカー・ミーティングの本当の意味を真剣にドゥリングが話してくれました。このとき、羽ペンで自筆の金言を書いてくださいました。いつかそれはアメリカ数学会か、または日本数学会に寄付することを考えています。

このときの研究所訪問では、マルヴィン・トリットコフ(Marvin Tretkoff)にも再会しました。彼はジーゲルの有名な本 "Topics in Complex Function Theory" の翻訳者ですが、この本の要約した内容を三日間それぞれ二時間話してくれました。このジーゲルの本は読んでいませんでしたが、彼のようによく理解した人に話してもらうと不思議と納得のゆく感じを受けるのです。

春休み中の四月訪問

二〇〇〇年の四月二四日(月)の夕暮れの八時に、ニューアーク・リバティー国際空港(Newark はニュージャージー州東部の町)で待っていたのは、大きくなったご令嬢とご子息のナターリアとアリョーシャでした。道に迷って、ドゥリング家に着いたのは一〇時半過ぎでした。それでも無事にナターリアに車でプリンストンまで乗せてきてもらい、そのときの印象は「車で迎えに来てくれるとは二人とも大きくなったものだ」でした。二人によれば「生まれたときからずっと *Goro* はいた」そうです。

ドゥリングに日本語でコホモロジー代数の本を書いていると話したら、次のようなことを話してくれました。理想的には微分形式、単体(シンプレックス)、ストークスの定理、……といってホモロジー代数と筆を進めるのがいいだろうと言われました。これは大変意味のあるコメントを聞いたと思いましたが、それを実行には移しませんでした。ドゥリングは、コホモロジー代数に関しては大学一年生の頃に偶然に図書館でゴデモン(Roger Godement)の「層の理論」の本を見つけて初めて学んだとのことです。それで、コホモロジー代数は容易に身につきましたか、と聞いてみたら、スペクトラル系列は難しかったと言われました。大学一年の頃、数学のあちらこちらに $d^2 = 0$ が出てくるのが妙だと思ったとのことです。

ドゥリングの実家訪問

二〇〇一年の八月、ベルギーでの国際学会に出席するため、ブリュッセルの飛行場に一人で着いたら、なんとドゥリングと息子アリョーシャが迎えに来てくれました。このベルギー訪問は忘れられません。アンドレ・ヴェイユもそうであったように、ドゥリングも夏は必ず母国に帰られていたようです。大人になってからアメリカに来た人の多くは夏に母国に帰るようにしているようです。

ドゥリング夫人はロシアに里帰りでしたので、ブリュッセルにあるドゥリングのマンションで、料理はドゥリングがしてくれました。もちろん手伝いました。暖炉の上には四段階のカカオバターのチョコレートが並べてありました。妻はベルギーには来なかったのですが、ブリュッセルのマンションに滞在中に私と妻の二七回目の結婚記念日を祝してブラウン・シュガー・パイ(黒砂糖パイ)を焼いてくれました。

ドゥリングの実家にも連れて行ってもらい、お母様に紹介してくださいました。それは優しい目をしたお母様でした。その頃は九二歳でした。英語も話せるのですが、なぜか私にもフランス語でどんどん話されました。

私に「ちょっと、こちらに」と合図をされるのでついて行くとドゥリングの勉強部屋に連れて行ってくれました。そこで面白い話を聞きました。ドゥリングが高校生のときに、隣の家族のお母さんが自分の息子が勉強嫌いなので「お前も学期中はもっと勉強しなさい。さもないと、隣のドゥリングさんの息子みたいに、夏休み中でもあのように朝から晩まで勉強しなくてはならない羽目になりますよ!」と言ったそうです。

窓もデスクも大きくて部屋に子供の頃の写真が二、三枚と家族写真はありましたが、フィールズ賞受賞の写真はありませんでした。青春の過ごし方にもいろいろあります。あれは一九九〇年代でしたか、日本からの土産にビートルズの曲の入ったオルゴールを令嬢にプレゼントしたときのことです。「ビートルズ」が虫なのか歌い手なのか、ドゥリングは知りませんでした。私たちの世代でビートルズを知らずに青年時代を過ごした人に会ったことはありませんでした。

黄金をふんだんに使った王宮を始めブリュッセルの有名なところをドゥリングに観光案内してもらいました。じつにもったいないことです。もちろんのことですが、ベルギー王はフランス語とフレミッシュ語(オランダ語)のバイリンガルです。

私がよく道に迷うので、息子のアリョーシャがリエージュの国際学会の会場まで案内してくれましたが、またもや失敗です。帰りにホテルの鍵を返さずに、私はそのままブリュッセルに戻って来てしまったのです。鍵を戻すのに、フランス語が書けない私に代わって、ドゥリングが丁寧な謝罪を込めて手紙を書いてくれました。またもお手数をおかけしてしまい、情けない気持ちになりました。

息子さんの卒業式

二〇〇三年プリンストン訪問のため、今回もニューアークの飛行場を出たのは夜中過ぎ、研究所のアパートに着いたのは午前三時をまわっていました。部屋に入ると台所にパンケーキが置いてありました。温かいドゥリング家の思いやりです。

さっそく次の日からドゥリング家を訪れました。夕食はグリーンビーンズとベーコンとジャガイモでした。夕食後自分のアパートに戻るのはだいたい夜の一〇時前後です。当時は、研究所の数学者も含め誰もが物理学の問題に手を出していた頃だったと思います。ドゥリングも真剣になって勉強したとは思いますが、おそらく物理学はあまり肌に合わなかったのかもしれません。

この二〇〇三年の訪問のとき、ドゥリングの息子さんアリョーシャの高校の卒業式がありました。ドゥリングは小雨の中を自転車で、ドゥリング夫人は私の運転でプリンストン高校へ向かいました。私がブルーのチケット(chip)をもらいました。これは何を意味するかというと、雨が降ったときの卒業式は講堂内であり、このブルーチケットを持っている人だけが講堂の中に入れてもらえるとのこと、ここまでやってくださると、私にとっては、もう「ありがたい」を超えています(恥ずかしささえも感じました。これが本音です、そりゃあそうですよ……)。もし雨天となったときは、お二人は講堂にこそこそと忍び込むつもりですとも言われ、本当にこっそり入ってくるのを見ました。

卒業式が終わって、夕方七時四四分に家に戻り、全員がディナーに招待されていて、八時一〇分にまた出かけました。プリンストン高校を卒業した息子さんが話してくれたことですが、中学生のときにピタゴラスの定理を学校で習ったとドゥリングに話したところ、その場の即興で五つの異なった証明を教えてくれたそうです。これは走り高跳びで四メートル跳べる人がたったの五〇センチメートルの棒の上を空中で高々と五回トンボ返りして跳び越すようなものです。

この日の会話で印象的だったのは、どんな機会であったか覚えていませんが、義母がスウェーデン国王と面会できるように、ドゥリング夫人は自分の立場を譲ったとのことでした。それで思い出しましたが、ニュートンの先生は自分の教授ポストを遥かに優れたニュートンに譲るために早く退職したという美談をドゥリングが話してくれました。そのためでしょうか、ドゥリング自身も研究所を退職できる最も若い年齢で退職しました。その点ヴェイユ先生は許される最高年齢まで退職されませんでした。研究所のパーマネント教授としてはそれがより一般的です。

また、ベルギーは兵役義務があり、ドゥリングから、その二年間は睡眠不足で、読んだものはHironaka(広中平祐)の特異点解消の論文だけだという話を聞きました。目が覚めているときに大脳を大いに使うのでしょう、一日に最低九時間の睡眠をとるとのことです。多様体の特異点の解消は大変難しくて、Hironaka 以来本質的な進歩がないとも話しておられました。

ドゥリング、我が家に来る

アメリカ独特の感謝祭という日があります。これは一一月の終わりの木曜日にあり、クリスマスの祝日のように七面鳥を料理してごちそうになる家族中心の休日です。ドゥリングの家では、以前から感謝祭の日はときどきシカゴのベイリングソン家で過ごすと聞いていました。しかし、二〇〇五年の感謝祭日はカリフォルニアの海岸線の町にある我が家にドゥリング家全員が集合しました。カリフォルニアの我が家にドゥリングの家族全員が集まったのは、これが最初だったと思います。ちょうどこの頃 THOC("The Heart of Cohomology," Springer, 2006)の原稿を書き終えていて、あとは前書きが残っているだけの状態でした。『論語』の「有朋遠来」、すなわち《朋遠方より来たる、また楽しからずや》を、その前書きに引いたのはこのためです。友との再会の喜びではなくて、論語のもつ本来の意味するところ「遠くから友がやって来て学問について語り合えることは実に楽しいことではないか！」の意味で使いたかったのですが……、うーん残念です。

このときに思ったのは、しばらくの間、ドゥリングのいる、このわが町、わが家が数学の世界の中心だなあ〜と。自分の大学にも大数学者がここを訪問するということは話していませんでした。

もう一つのプリンストン

二〇〇三年、プリンストン高等研究所に六回目の訪問の機会を得ました。この訪問の目的の一つは、インペリアル大学の学会で話す前に弦理論の研究者たちがテンポラル・トポス的な(temporal topos 略して t-topos と言います)アプローチをどう思うかを聞いてみたかったからです。

そこでランチのときにいつも物理学のメンバーが座るテーブルに座りましたら、偶然エッド・ウィッテン(Edward Witten)が目の前に座りました。彼が言うには「量子論の基礎は過去七〇年本質的な進歩は見られないし、これからもありそうもない」とのことでした。その後、若いメンバーに少し詳しく聞いてもらいましたが、テンポラル・トポスに矛盾はなさそうでした。その時点ではそれだけで十分でした。

また、ボンビエリ先生が研究所のランチのときにキノコについて熱心に話してくれました。後でプリンストンの森のキノコのある秘密の場所に案内しようとドゥリングの息子のアリョーシャと私に言ってくれましたが、結局は連れていってはもらえませんでした。そのときボンビエリ先生から聞いた話ですが、毒キノコはそれぞれ不思議なところがあり、食べてから何日、何週間、何カ月も過ぎてようやく威力を出すのがあるとのことです。何カ月もというと、毒キノコを食べたことを本人が忘れた頃に死んでしまうといったことがあるそうです。ということは大丈夫とみなされているキノコでも、それらはすべて長期潜在毒キノコであって、食べた人は一〇年後、五〇年後、へたしたら二〇〇年後にすべて死ぬことになるのではないだろうかと気になってしまいました。

話は前後しますが、数論研究者の中村博昭教授(現・大阪大学)とお会いしたのは一九九六年の短期間の訪問のときです。アメリカの会話では「この人とは良い化学反応を感じた」とか言いますが、中村さんと初めてお会いしたとき、またイタリア人のダニエレ・ストゥルーパに会ったとき、そしてドゥリングご夫妻に初めて会ったときもそうでしたが、もうすでに以前から知っている人であるかの如くしっくりした感覚を受けました。その印象の強烈さに差はいろいろとあるでしょうが、こういったことは、誰にも時折あることだと思います。

マルヴィンのときもそうでしたが、中村さんにグロタンディエック予想の大筋を話してもらったとき、私にはわかるわけがないトポロジーと数論に跨るこの深い予想の証明が、不思議なことですが、なんとなく感覚的にわかった気がしました。これは本当によくわかった人が説明すればそんな不思議が起こるということかもしれません。ドゥリングも前にお話ししたクエーカー小学校の生徒に対して射影幾何学を説明したと聞いています。この授業は生徒と是非一緒に聞きたかったです。おそらく小学生でも射影幾何学の本質がわかったかもしれません。

このころアンドリュー・ワイルズ氏(テイラー氏の協力を得て)がついにフェルマーの最終定理の証

明に成功しました。しかし、もし宇宙人がフェルマーの最終定理の証明のできる前に来てしまったら地球人の恥になるのではと心配していた地球人がいます。「宇宙人が来てももう大丈夫」とコメントしたその地球人がこの中村さんです(加藤和也氏の著書『解決！ フェルマーの最終定理』(日本評論社、一九九五年)の一九四ページを見てください)。そんな地球人ならきっと三泊四日のプリンストンからサンルイスオビスポまでの汽車の旅は気に入っていただけると思い、中村さんに大いに勧めましたところ、遥々プリンストンからカリフォルニア州の我が家に汽車で来てくださいました。この数論研究者中村さんとは気が合うと言えばいいのでしょうか、それとも童心になれると言うべきか、それに私に負けないほど抜けているところもありと言ってはまことに失礼ですが、兎に角中村さんといると大らかになれて安心できます。

プリンストン高等研究所のダイニング・ホールでよくお会いしたのはチャウラ(Saravadam Chowla)先生です。チャウラ先生は歩き方も独特ですが、個性の強い数論研究者です。

一般の場合の有限体上のヴァイアーストラース族($Y^2 = 4X^3 + g_2 X + g_3$)において、(その族の中にカスプとかダブル・ポイントを含むものもあります)特異なものを含む代数族のゼータ不変量の捉え方、すなわち、g_2とg_3で決まる環上のコホモロジー加群の構造を決める論文を書いたときのことです。博士論文では、ベース・スキームの$\mathbf{Z}_p[g_2, g_3]$を$\Delta = g_2^3 - 27g_3^2$で局所化した場合、すなわち、すべてのファイバー(fibre)が楕円曲線の場合を扱いました。Δで局所化した場合は、コホモロジーが有限生成になり、ゼータ不変量が計算できます。しかし、ベース・スキームがΔで局所化しない

$Z_p[g_2, g_3]$ のままの一般の場合には、コホモロジーは有限生成にはなりません。直接この目でどのようにして有限生成にならないのかを見たかったのです。

この論文を "Journal of Number Theory" から出したいと思いましたので、チャウラ先生に連絡を取りました。そこでこの論文の概要だけでもチャウラ先生にお話ししておこうと、この論文の結果とこの代数族のファイバーのゼータ函数との関係を自分なりに説明を試みましたら、チャウラ先生はスキーム論的ファイバーの意味が初めてわかったと言ってくださいました。この世代の数論研究者の多くはやはりヴェイユ流表現の影響を強く受けているのだなと思いました。

チャウラ先生の性格から判断すると、なぜセルバーグ先生の唯一の共著者がこのチャウラ先生であるかがわかるような気がします。チャウラ先生は押しの一手といったタイプの性格ですので、あれやこれやと言っているうちに、セルバーグ先生も気がついたらいつの間にか共著者になってしまっていたといったところでしょうか。我が師のルブキン先生もセルバーグ先生とはまったく別の意味で共同研究をするタイプではありませんが、我が師には例外として私との共著論文が二つあります。

チャウラ先生は歩くときは足を床から離さずにスキーを滑らすように歩かれるので変な歩き方だなあと思っていましたが、ディナカー・ラマクリシュナンが、それは転倒しないためであって、普通に歩こうと思えば歩けると教えてくれました。チャウラ先生はその頃八〇歳前後であられたので、きっと転ばぬように用心深くされていたのでしょう。

〔幕間〕 米国の地に立つ

熟田津に船乗りせむと月待てば潮もかなひぬ今は漕ぎ出でな（額田王）
——『万葉集』巻一の八

西ヴァージニアの人々

ここでロチェスター大学に行ってルブキン数学に直面し数学の嵐に巻き込まれる前のことをお話しいたします。米国に来て本質的には初めて通った大学が西《ウエスト》ヴァージニア大学でしたので、西ヴァージニア州の人々とその独特のアパラチアの文化についてお話しします。西ヴァージニア州は南北戦争では北につき、アメリカ南部文化圏のヴァージニア州から独立しました。

西ヴァージニア大学の学生時代、私は西ヴァージニア州モーガンタウンに下宿していました。一九八八年五月二五日、家主だったクリストファーさん（Mrs. Mary Christopher）の他界のニュースが二度目となるプリンストン研究所訪問中に三人の娘さんの一人から私に届きました。ミセス・メアリー・クリストファーさんは私が学生の頃すでに七〇歳前後だったと思います。別にお願いしたわけでもないのに、米国生活に不慣れな私に親切にもいろいろとアドヴァイスしてくださいました。それこそ私の「アメリカのお母さん」くらいのつもりでご本人はおられたかもしれません。この訃報のハガキはなんと京都に送られ、それが愛知県にあるわが郷里を経由して、再度転送されてプリンストンに届いたのです。

このクリストファーさんですが、一九七〇年頃、家庭内暴力を受けた女性が逃れて安心して住める家の設立に貢献した人で、女性活動家としても名高い方です。ドイツ系アメリカ人で、父親は牧師さんでした。週末には女の子とデートするのがアメリカの若い男のすることだと教えてくれたのも、このクリストファーさんです。それでハロウィーン・パーティーでさっそく実行に踏み切ることにしました。しかし、ヤンキー・ガールとのデートは、ワシントンDCでも経験はあるものの、最初は結構緊張していました。そのような話に本書の読者が興味を持っておられるとは思いませんので、アメリカ流デートについてはここでは書きません。いつかどこかでお会いできたら、そのときにでもお話ししましょう。

ミス・メアリーはミスター・デイヴィッド・クリストファーと結婚し、娘さんが三人います。ご夫婦には一五〜二〇歳近くの年齢差がありました。このご主人のほうですが、若いときは新聞のスポーツ記事を書いておられたそうです。ご主人は私が初めて会ったときはもう八〇歳代の年齢でした。ミスター・クリストファーさんの記憶力には驚きました。たとえば二〇世紀の初めの頃の誰々のホームランの数とか、打点王が誰だとか、何年のオールスター・ゲームでどのリーグが何点差で勝ったとかを実に細かいことまで正確に記憶しているのです。私にとって英雄的存在である二〇世紀初頭の豪速球ピッチャー、ウォルター・ジョンソン(Walter Johnson)を球場で直接見たというのです。そこで、ウォルター・ジョンソンの速球はどんなものであったのかを聞いてみました。その返答はこうです。「ウォルター・ジョンソンがマウンドから投げたボールはまるでウォルター・ジョンソンの手とキャッチャーミットの間を白い線がしなるように繋がりホップ(逆放物線の反り方)していた」。このウォルター・ジョンソンの話に私は強烈な印象を受けました。

西ヴァージニア大学では、私が国際ロータリー財団の奨学生であったためか、当時の西ヴァージニア州知事であるJ・D・ロックフェラーⅣ(四代目)さんも含めて、いわゆるお偉方にもたくさん会う機会がありました。ロックフェラー知事は日本に(修士号取得のため?)留学経験があり、東京では小さなアパートに住んでいたと聞きました。一方、ロックフェラー知事邸の裏庭には本格的なゴルフコースがあると、招待された教育テレビ局局長のヴァン・キャンプさんから聞きました。また、邸宅が外の道からは見えないようにと右か左か知りませんが丘を少し動かしたという話です。ロックフェラー知事で思い出したことがあります。ロチェスターでの大学院時代を終えて一九七九年の冬に西ヴァージニア大学に客員助教授として戻ることになったのですが、実はこのポジションは、ロックフェラー知事のご親切心で手配してくださったものでした。これが却って裏目(backfire)となり、西ヴァージニアにはいづらくなってしまいました。そこで妻の母州でもあった西ヴァージニア州を一年半後には出て北《ノース》カロライナ州に向かうことになったのです。この辺のところも人生の一つの分岐点であったのでしょう。

西ヴァージニアの学生の頃、日本では考えられないことですが、学生の身でありながら親しくなった若い助教授と彼らの夫人たちのパーティーに来ないかとのお誘いがよくありました。その頃は言うなればヒッピー時代でしたので外国文化が重宝された時代でした。日本人が珍しく興味を持たれたのでしょう。日本にいた頃は、私も毎朝きちんと髭を剃っていましたが、だんだんと顔の手入れはアメリカナイズされて髭を伸ばし始め、その頃はまだ沢山あったフサフサの長い青光りしていた黒髪もしだいに長くなっていきました。髪の毛は肩の下まで伸び、顔の髭が占める面積も増えてロチェスター時代には顔中髭だらけにまでなりました。ヒッピースタイルの日本人版といったところです。そんなグルーヴィー(groovy)な青春時代をアメリカで過ごせた世代です。それは楽しい時代でした。

親しくなった一人、アルウィン助教授夫人はドイツ生まれの方で、そんなパーティーの席でドイツ哲学について夢中になって語り合いました。彼女の弟さんのハンス(Hans)が私の印象ととてもよく似ているとも言われました。それで思い出しましたが、後の一九八〇年に私の両親が西ヴァージニアを訪れたとき、教育テレビのヴァン・キャンプさんが言うには、私の父とオランダ系アメリカ人であるヴァン・キャンプさんのお父さんとがそっくりだというのです。そう言えば、ヴァン・キャンプさん自身も父と似ているところがありました。人種が異なるのに顔が似ているとか、印象がそっくりとかいうコメントは、すなわち好感を持ってくださるということの表れなのでしょう。

そのときは独身であった若い助教授のレノルズ先生(Dr. D. Reynolds)とは、映画とかコンサートに一緒によく出かけました。レノルズ先生から一九七二年の秋「連続函数環(Rings of Continuous Functions)」というセミナーを取り、冬学期からDr. ダウディーと、ヒルトン－スタンバッハ(Peter Hilton and Urs Stammbach)の"A Course in Homological Algebra"(Springer, 1971)をテキストにホモロジー代数学のセミナーを始めました。Rings of Continuous Functionsよりはホモロジー代数のほうが格段に面白くて、レノルズ先生のセミナーには興味がまったくなくなってしまいましたので、撤退(withdraw)しました。この撤退はアメリカではときどき学生がやる戦略で、上手く行っていないコースを途中でやめることです。そうすることによってＧＰＡ(成績指数 grade-point average)を上げることができます。一般に撤退することは教授にはいい印象を与えません。レノルズ先生は少しがっかりした様子ではありましたが、その後の付き合いにはまったく変わりなく、夏休みには彼の実家のあるテキサス州フォートワースにも一緒に西ヴァージニアから車でぶっとおしの旅をしました。

ワシントンＤＣにて

時間は前後しますが、生まれて初めての飛行機に乗り、それもなんとジャンボジェットで国際ロータリー財団奨学生として(シカゴに一泊して)ワシントンＤＣに到着したのが一九七二年のことでした。こんな大きな物が本当に空に舞い上がることができるのかと心配したほどです。出迎えてくれたのはワシントンDCのロータリークラブのメンバーの奥様方と娘さんの三人でした。ダーク・ブルーの背広とネクタイをしてジャンボ機から颯爽として出てきたところ、アメリカ女性による歓迎のハグで始まり、まさにアメリカ大陸到着の第一歩は大変な衝撃と混乱であったことを覚えています。そして、リンカン・コンティネンタルかキャデラックであったか、大きなオープン・カーで、ワシントンDCにある有名なリンカン記念館やジェファーソン記念館などいろいろな名所に案内してくださいました。その頃はまだ青年であった私には外国人女性が珍しかったこともあって、そのオープン・カーに同乗する三人の女性のあまりにも胸を誇らしげにオープンにした夏用のドレスのほうが気になってしまい、そうした名所のほうにはあまり目が向いていなかったかもしれません。

ワシントンDCにまず向かった理由は、モーガンタウンにある西ヴァージニア大学に入る前に英語で話すことと聞くことを正式に学ぶため、ジョージタウン大学(Georgetown University)で英語のサマー・コースをとらなければならなかったからです。その頃はレストランでハム・サンドイッチを注文するのにも一苦労といった私の英会話レベルでした。それに毎日がカルチャーショック(cultural shock)の連続でした。ジョージタウン大学の学生の多くはヒッピー的なスタイルで靴も履かず、ヒゲはぼうぼうで、髪も長く、それになんとなくマリファナ臭いのです。下宿のアパートから大学まで歩いて行くと、見知らぬ紳士が「グッ、モーニング」とか「ハイ、ハウ・アー・ユー?」とか話しかけてきて、「えらく気さくな国に来たものだなあ〜」と思いました。もっと驚いたことは、大きな白っぽいオープン・カーが止まり「乗せてあげるから、どこまで行きたい？」と三〇歳前後のアメリカ美人からいきなり声をかけられ、大学まで車に乗せてもらったこともありました。

そのような米国社会のポジティブな雰囲気はその時代にはまだあったものの、今はもうないかもしれません。大都市では知りませんが、一九六〇年代の終わりころまではアメリカでも多くの家は夜玄関のドアの鍵を掛けずに寝たと聞いています。ジョージタウン大学では日本と同じく暑い夏でしたが、実に楽しかった夏の日々でした。そのお陰で、英語はみるみる上達していきました。

話を西ヴァージニア大学時代に戻します。身長が六フィート六インチ半といいますから、二メートル弱くらいでしょうか、カニングハム先生(Dr. A. B. Cunningham)が私のミドルネームのClarkを選んでくれました。先生は一生独身で「人生、女無しでは大変だが、女有りではもっと大変だ」とも話されておられました。カニングハム先生はそのころすでに退職に近い年齢のスコットランド系アメリカ人紳士でした。日本人には普通ミドルネームはないという話をしていたら、カニングハム先生「それでは私が良いミドルネームを選んであげます」ということになりました。ミドルネームの話をすっかり忘れていたころ、カニングハム先生から呼び出され「スコットランドの(ケルト系の)辞書を使ってまずは三〇個程の候補を選び、そしてアルウィンとレノルズの両先生を呼んで相談し、最終的にその中から決めた名前はClarkです」と言いわたされました。そんなに手間をかけて選んでくださったので、それ以来ミドルネームのイニシャル「C」は論文とか本とかの公式な場、博士号の学位記にも、そして今でも使っております。今は亡きカニングハム先生の「C」でもあります。

もともとは、国際ロータリー財団の奨学生としてアメリカに来たので、初めはスペシャル・スチューデント(特別学生)で、単位もとっていなかったのですが、その事情を知ったカニングハム先生は「もったいない、すぐ正規の学生に変えたほうがいい」と仰って、少し待つようにと言われました。先生はオフィスの二階に上がっていって一五分か二〇分ほどした後「国際ロータリー財団の奨学生の後、お金はまったくいらない。授業料は免除、それとティーチング・アシスタントシップ(一つのコースを教え、給料をもらえる)をあげるから、ここで修士課程を終わらせるのがいい」と言われ、正規学生になることがあっさりと決まってしまいました。すぐに事務の担当者に電話してくださり、それも事務局長のブリスベーンさんが書類作成を手伝ってくださり、その日のうちに私の立場はぐるりと変わりました。ブリスベーンさんはアフリカ系アメリカ人ですが、なんと目は青いので驚きました。

修士課程も終わりに近づき、そろそろ日本に帰らねばと思っていたとき、今度はホモロジー代数のセミナーを担当されていたダウディー先生が「折角だから、博士号もこちらで取ったほうが将来有利だと思うよ」と言ってくださいました。

もう一つ驚いたことがあります。車の運転はガールフレンド(今の妻)から習ったのですが、いよいよ警察署で筆記と実習の試験を受けたときのことです。試験のなかの用語の意味がわからず、「これは車の何のことですか」と警察官に質問したら、外に駐車してあるパトロールカーまでわざわざ連れていってくれて、これだと教えてくれ、「だから、答えは……」とヒントもくれました。お陰さまで運転免許証は一〇ドルか一五ドルで簡単に取れてしまいました。そして、取得した免許証の人種のところにWとあるので「このWは間違いで、日本人だからA(Asian)かO(Oriental)でしょう?」と警察官に話すと「これで間違いない」というのです。しかし「WはWhite(白人)ですから……」と返したら、「お前はBlack(黒人)じゃあない、だからお前は白人だ」という返事でした。これは何を意味するのかということですが、西ヴァージニア、テネシー、南・北カロライナ州などの米国南部文化圏では、人種は二つ、すなわち白か黒かだけが問題だということでしょう。

アメリカに到着して以来、髷《まげ》が似合うような顔をしているのでしょうか、私は日本人以外に見られたことはありませんでした。欧米白人にとってアジア人はふつうは皆同じに見えるらしい、すなわち、中国人も韓国人も日本人も同じに見えるということです。これは驚くことではありません、一般の日本人に限らずアジア人からすれば独人も仏人も英人も皆似たようなものです。むろん、中には見るからに何々人という人はいます。これで思い出しましたが、テネシーの義伯父サーマンは牛をたくさん飼っていましたが、彼はすべての牛の個体区別がつくと話していました。

また「人から好感を持ってもらう」というのは、凡人にとっては特に大切なことで、それにより人生が生きやすくなり、そしてその人自身の一般社会への印象がより明るくなります。誰かが義務を超えてまで自分のために親切にしてくれるとき、そのインパクトは計り知れないほど強いものです。四〇年近く住んでいるこのカリフォルニア州、またはニューヨーク州といった裕福な州とは異なり、貧しい州である西ヴァージニア、テネシー、北カロライナで出会った人々には「芯から心温まる思い出」が私にはいっぱいあります。最初の二年間に出会った人たちの親切なくして、私のアメリカでの今の生活はありえないとときどき思います。私に西洋人に対する偏見のようなものがもしあったとしても、西ヴァージニアの人々の飾らない心の温かさに出会ったがゆえに、そのような偏見は夏の朝露のように消えてしまったことでしょう。もしアメリカに一年か二年くらいの滞在だけで日本に戻っていたら、その後の自分はどうなっていたでしょうか。

結婚は博士号を取ってからと合意していたのですが、どういう風の吹き回しでしょう、いつもブスッとしている義父が「*Goro* が来るたびにママが別々のベッドの敷布を用意するのは大変だから、いっそのことこの夏に式をあげたら……」と言うのです。妻と結婚したのは西ヴァージニアにいた一九七四年八月一四日(日本時間では終戦記念日の一五日)で、友だちの生物学教授のブラッドショーご夫妻が私の親代わりをしてくださいました。結婚式は妻の実家の裏庭で、数学科からはカニングハム先生、アーウィンご夫妻とダウディーご夫妻、生物学科からはコリンズご夫妻が来てくださいました。因みに、アーウィン先生は西ヴァージニア滞在中は私の床屋の役を研究室でしてくれました。式では、私は日本から持って来たブルーのネクタイとブルーの背広を着、妻は日本の浴衣と赤い帯で、大きな樹の下でのちょっとしたヒッピー的な結婚式でした。牧師さんは妻の大学時代の恩師のリンド先生でした(その五年後の一九七九年に義父母も来日して再度日本で地元の市川神社初となる外国人花嫁の伝統的な披露宴をしました)。

米国南部の人々

ニューヨークのオンタリオ湖のほとりにあるロチェスターは、一一月ともなれば隣の人に「また来春五月に会いましょう」と言うくらい寒くて雪の深いところです。ロチェスター大学の学生生活が終わって二年後カリフォルニアに着いたとき、これで死ぬまで雪の上を運転することはないと思いました。そんなロチェスターでコホモロジーを勉強していた頃は数学以外のことはどうでもよかったような生活でしたが、それでも少しは思い出があります。その頃に経験した米国南部のことにふれます。

これは恐らく学生時代も終わり頃だったと思いますが、米国南部のテネシー州に住む義伯父伯母の二八歳になる一人娘が肝臓ガンで亡くなりました。この亡くなった従姉には子供があり、三歳と五歳くらいの娘二人が残されました。教会での葬式でその妹が「ママはいつ目を覚ます？」と聞いたとき、そこにいた誰もが泣きました。

この従姉の父親である義伯父は、第二次世界大戦中はヨーロッパで戦っていました。すなわち、テネシー州の田舎の言うなれば人の良い農家のサーマン伯父さんが、世界情勢に巻き込まれて兵隊になったわけです。欧州ではジープに乗っていたらしいですが、友だちを乗せて運転中に隣の席にいた友だちが機関銃で撃たれて殺されたという話をしてくれました。伯母によると、戦争が終わって三〇年過ぎても悪夢を見ていたのでしょう、サーマン伯父さんは夜中に泣き叫ぶときが何度もあったとのことです。このサーマン伯父さんが私に漏らした言葉がこうでした。「俺も今まで辛いことをいろいろ経験したが、娘を亡くすほど辛いことはない」と。

テネシー州はアメリカ南部の文化圏です。すなわち南北戦争で将軍リーの率いる南についた州です。北カロライナ州にも訪れましたが、ここもアメリカ南部の文化圏で、共通したことは人が本心から温かいと私の経験から一般的に言えます。しかし、黒人に対する伝統的な感情は根強くて、この人の良いサーマン伯父さんでも「*Goro*、この郡に黒人はたった一人いる。その黒人はあの丘の上に葬られている」といった具合です。

もう一つ気になる経験をしました。ある日のこと、サーマン伯父さんがメンバーである秘密結社の建物を見せてやるというのです。車でそこへ連れて行ってもらうと、椅子がきちっと部屋の周りに並んでいる建物の中を見せてくれました。別にどうってことはなかったのですが、私に見せたかったその自慢の結社の名前は教えてくれませんでした。

北カロライナで教える

米国南部の話になりましたので時間的には少し後のことですが、学生生活を終えて客員助教授の頃の一九八〇年の話をします。一年弱の訪問ではありましたが、北カロライナ州グリーンヴィル市にある東《イースト》カロライナ大学での経験です。

西ヴァージニア州同様に、この州の雰囲気は私の肌に合いました。それはすなわち、人間関係が上手くいっていたという意味がそこには多々あります。学生と教授のトイレは別々でした。少し小さめの教授用のトイレは元々黒人用のトイレでした。むろん今は白人も黒人も共学ですが、興味深いことは、学生がくつろげるユニオン・ホールがあるのですが、階段の下の日の光があまり届かない所に黒人学生が集まって座っているのです。

因みに、一九七〇年代には好まれて使われていたblack(黒人)という呼称は今のアメリカでは不適切でして、アフリカ系アメリカ人(African American)が正しい(politically correct)呼び方です。アジア系のアメリカ人を以前は一九六〇年代までくらいでしょうか、オリエンタルと言う呼び方がありました。その言い方は今ではよくないようです。第二次世界大戦中は日本人に対して大変ネガティブな感情を白人アメリカ人も持っていましたので、日本人と日系アメリカ人に対する「ジャップ」という呼び方がかなり公に使われていました。どの時代でもどの国でも特定のグループに対してこのような失礼にあたる表現は歴史的によくあることです。ドイツ人をクラウトとかイタリア人をデゴとか言う感じのよくない言い方があります。

東カロライナ大学数学科に話を戻します。新学期の始まった九月のパーティーでのことですが、数学科の三人の秘書と話していたら学科長(chairman)も会話に加わり、秘書たちから「社交ダンスレッスンをみんなで取ろう」と誘われました。ダンスをする柄でもないしそれに大嫌いです。でも、学科長の前だったのでノーとも言えず「ああ、いいですよ」と言ってしまいました。

週に二、三回でしたか、ランチタイムに社交ダンスレッスンです。レッスンの指導者に「引きつけが足らない！　遠慮せずにしっかりと女性を引きつけないとリードがパートナーに伝わらないでしょう」とよく言われました。面白いことにレッスンを始めて三、四カ月も経った頃でしょうか、コツが少しわかってきたのです。そして、もっと面白いことに、パートナーが替わるときなどに、その女性の体付きと人柄を察して、その人がどんなダンスをするかが踊り始める前に想像できるようになりました。私のリードにデリケートに反応してくれてまるで柔道試合の一本でもとれたときのようにぴったりと合う人、こちらのリードを無視して勝手に踊る人と様々です。社交ダンスが大好きになった人の気持ちもわからないでもないと思い始めました。そこで、その知識を実験してみようと妻とダンスをしてみました。思った通り、鋼鉄のような意志の持ち主である妻の運動神経はよくても、こちらのリードとは一切関係なしでした。

社交で思い出しましたが、南部はフォーマルなところがあり、医学部の女子学生が正式な社交パーティーに招待してくれました。立派なホテルのホールに三、四十人の学生たちはスーツかドレスを着て集まっており、ディナーも何コースもあるものでした。その頃は私も三〇歳そこそこでしたので、女子学生がケーキとかパイを焼いてプレゼントしてくれました(その後、四〇歳代になるとレベルが段々と落ちてきてせいぜいクッキーくらいになり、五〇歳代ともなれば「これ、パイを作るレシピです」と変わってきました。これを男の三段降下と呼んでおります)。

最後にもう一つ印象的だったのは「北カロライナを離れ、カリフォルニアに行きます」と話したらダンス・クラスメートの三人の秘書が涙を流して泣いてくれました。こちらも思わず貰い泣きしそうになったので、あわてて部屋を出たことを覚えています。私の経験では米国南部で出会った人たちの心は芯から温かいのだろうと思いました。

テネシー州の話から少しずれてしまいましたが、その二八歳の義理の従姉の他界から、一カ月弱後のことです。オハイオ州で小学校二年生の教師をしていた六九歳の義伯母が再婚するというのです。新郎と言うべきか旧郎と言うべきかわかりませんが彼は七五歳くらいの年齢でした。この伯母の愛称はニニーと言いまして、若いときはハリウッドのスターのように綺麗であったと聞いております。

このニニー伯母さんは日本に私たちと一緒に訪問したこともあります。印象的であったのは結婚式のときに青いドレスを着たニニー伯母さんが、緊張していたのでしょうか、まるで一八歳の花嫁のように震えていたのです。たったの二八歳という年齢で幼子二人を残してこの世を去る人もいれば、六九歳で再婚して新たな人生を始めようとしている人もいる、これも印象的でした。

渡米して一〇年弱、親戚との付き合いも深まり、映画「アバター」ではありませんが、このころから自分はアメリカという社会を外からではなく内側から見ていると感じ始めておりました。

4

人々の優しさにふれて

水至って清ければ則ち魚無し
――『漢書』「宋名臣言行録」

京都大学数理解析研究所

一九八七～八八年はサバティカル（有給休暇）を一年とって前半を京都大学数理解析研究所（英語でResearch Institute for Mathematical Sciences、略してRIMS。以下、数理研）、後半はプリンストンの高等研究所を訪問しました。日本生まれではありますが大人になってからの人生のほとんどを日本で過ごさなかった男の京都での日々の経験を簡単に紹介します。

夏の涼しいカリフォルニア中部海岸線にある我が家から来ると京都の九月の暑さはショックでした。そこでクーラーを一日中ガンガン使ったところ電気代がものすごく高くなり、これをまさしく

「電気（料）ショック（electric shock）というのです」と滞在していた京都市国際交流会館の人から後で聞きました。

日本に来る前に数理研の河合隆裕先生から、代数幾何学及びp-進解析学にも近いご専門の森田康夫先生のいらっしゃる東北大学に行くほうがいいのではとアドヴァイスをもらいましたが、今までやってきたことではなくせっかく時間がありそうだからクリスタリン・コホモロジーの勉強を一人でやってみようと考えて京都大学数理研のほうにしました。しかし、またもや失敗談になりますが、実際にはクリスタリン・コホモロジーは自分で使えるほど物にはなりませんでした。そして、ルブキン先生の書かれた“Cohomology of Completions”（North Holland, 1980）を最初から最後まで読みましたが、なんせこの本は八〇〇ページもあり、これも不満足に終わりました。京都訪問は数学上で期待していたことは外れてしまい失敗であったと言ってもいいでしょう。それでも、佐藤先生の一九八四〜八五年の京都大学での講義録を読むことができました。がっちり理解できたとは言えませんが、そのスケールの大きさはまるで春一番を感じさせるような印象を持たせてくれるものでした。

放火犯人とホームレスの小話

久しぶりに日本の寒い正月を愛知県三河の故郷で迎えることができました。アメリカの新年（New Year）には日本で迎えるような新年のあの独特の新鮮さといったものは少しも感じられません。

思うようにいかなかった数理研の訪問でしたが、それでも私にとって息子が故郷の秋祭りを経験できたとか、雪を初めて京都で見たとか、結構満足できることがありました。

カリフォルニア中部海岸の夏は日中でも二〇〜二五度で涼しく、冬もまた日中は一五〜二〇度くらいとあまり寒くありません。京都では、日本の冬用に着るものを持ち合わせていませんでしたので、従姉の息子のだいぶ古い冬用コート(私の世代では冬用コートをオーバーと呼んでいました)を借りて、国際交流会館から借りたこれもまたかなりのボロ自転車で、数理研に通っていました。

そうしたある日、そのボロのオーバーを着てボロ自転車に乗って数理研から国際交流会館に帰る途中、四、五人の警察官が途中の道路に集まっていました。そこを通り過ぎようとしたときに一人の私服の警察官に止められて「昨日はやはりここを通られましたか?」と聞かれました。「いつもはここを通りますが、昨日は例外で用事があって通りませんでした」と答えました。それで済んだと思って自転車に乗り始めようとするとまた別の質問があり、それに答えるといった具合でした。不自然に長くなったので「昨日何かあったのですか」とこちらから聞いてみると、「昨日、この近くで放火がありました」と言うので、「ああ、それでこうして……」、なるほど、それで警察官が四、五人も出ているのだとわかりました。そのとき、ちょっと待てよ、おれは疑われているなと思ったのです。それじゃあ仕方ない、最後まで付き合って聞かれる質問に答えるしかないと思いました。仕事を聞かれたのでそれを話し、なぜ京都にいるのかも説明し、やっとのことで疑いが晴れました!　ようやく国際交流会館のアパートに帰って妻にこのことを話すと大笑いになり「そんな冴えない格好をしているからだ」と言われてしまいました。今となっては懐かしい話です。

身なりの悪さのお陰で……

一緒に連れていった子供が三歳弱と小さかったし、妻は日本語を話せないこともあり、買い物リストを持って私がよく夕方の買い物に出かけました。ほとんどの買い物は八百屋と魚屋の二軒で済ませることができました。毎回の買い物で必ず買うものは、食パンの切れ端と刺身の切れ端です。食パンの切れ端は息子が公園の鳩にやるもので、刺身の切れ端は値段も安くて美味しいので煮て食べました。その頃は顔中髭だらけの顔をしていましたので、「まるで、山奥から下りてきたようですね」と店の人に言われました。食パンの切れ端は、透けて見える大きなポリエチレンの袋に入っていたのですが、お店の人がいつもその袋の上から再度茶色の紙袋に入れてくれました。刺身の切れ端は安売りになっている値段よりもっとまけてくれました。京都の人は実に気前がいいなあーと思っていました。

帰米一カ月前くらいであったでしょうか、この親切は見すぼらしい格好をした山男に対する八百屋さんと魚屋さんの施しだな、と自覚しました。すなわち、この親切は人助けのつもりだったのです。その温かい人情に対してがっかりさせては申し訳ないという思いになり、京都を離れるときに八百屋さんと魚屋さんに「お世話になりました、これからアメリカに戻ります、さようなら」が言い辛くなってしまって無言で帰ってきてしまいました。身なりといえば、近いうちに行こう行こうと思ってはいませんが、光陰矢の如し、ここ四〇年以上床屋に行っていません。

大数学者、佐藤幹夫

京都滞在中に佐藤幹夫先生ご夫妻には何かとお声をかけていただき、ご子息の、今では数論研究者である佐藤信夫君(ちゃん)と我が息子アレクザンダーはよく公園で一緒に遊びました。

佐藤先生の藤原賞のお祝いと三輪哲二・神保道夫両氏の数学賞のお祝いのパーティーが一九八七年一〇月一七日(土)の午後五時半からありました。いわゆる京都大学の SATO School と言われる世界的な業績のある方々もその場に揃いました。

世界を揺るがした大論文"Microfunctions and Pseudo-differential Equations," Lecture Notes in Mathematics, Vol. 287, Springer, 1973 のことを、著者の三人の名前の佐藤・河合・柏原の頭文字をとってSKKと言うのです。これは二〇世紀の解析学における革命と欧米でも聞いております。『佐藤幹夫の数学』(日本評論社)に掲載されている写真は柏原・河合両先生の朝日賞受賞のお祝いのときの写真です。

大数学者にもいろいろなタイプがあると思われます。一八世紀のオイラー、一九世紀のガウス、リーマン、二〇世紀ではジーゲルとか岡潔とか、優れた絵画に喩えて言えば、その優れた絵を提供した数学者と言えましょう。一方、そうした立派な絵を引き立てる額縁のほうを担当した数学者のタイプもいると思います。佐藤幹夫先生は、額縁も絵も両方担当できる、めったにこの世に出現しないタイプです。その意味では、オイラーやガウスも同じタイプの大数学者と言えます。グロタンディエックも両方できますが、どちらかといえば額縁のほうでしょう、それも馬鹿でかい額縁です。タイプを定理型(Theorem-type)、補題型(Lemma-type)と言い換えてもいいのかもしれません。ほとんどの数学者は系型(Corollary-type)で、それに額縁も絵もこぢんまりしているのが普通でしょうか。

西村さんとの再会

京都滞在中、論文の英語をチェックするアルバイトを妻が始めたとき、それを依頼されてきたのが数理経済学者の方でした。そこで「数理経済学で西村和雄さんという人をご存知ですか」と聞いてみましたら「西村先生は京都大学の経済研究所の教授です」と言われ、驚きました！　失くしていた大切なものが見つかったような気持ちになりました。西村さんとは、ロチェスターの学生時代以来の再会でした！

西村さんの名前が出たので、忘れられない思い出について記します。『分数のできない大学生』をはじめ、多くの書籍・論文で、世界的な数理経済学者である西村さんはロチェスター時代に知り合えた唯一の日本人の友です。学生の頃から性格は異なるのですが気が合いました。西村さんのことを初めて聞いたのは、日本文学の博士号(Ph. D.)を持ち日本語を教えていたドイツ系アメリカ人のカール・トイシさんからでした。

「この大学の経済学科に日本人で物凄く冴える人がいるが、*Goro* は会ったことがあるか」とトイシさんが言うのです。それがこの西村さんでした（何千年前は同じ部族の出であったのでしょうか、西村さんと私は顔が似ていると言われたことがあります）。カール・トイシさんはその後、国際弁護士になりました。彼の趣味の一つは狂言を舞うことです。

西村さんとは不思議な縁があります。私の曖昧な記憶よりも、ご本人の西村さんから聞くのが一番よいのですが……。一九七四年ロチェスターに移る前に妻（その頃はまだ妻でなく、アメリカ社会の意味でのガールフレンドでしたが）を初めて日本に連れて行った飛行機の中でのことです。行きも帰りも同じ飛行機に西村さんも乗っていたのです。私はこのことを後になるまで知りませんでした。その頃、私は生意気にも革製のカウボーイ・ハットをかぶり、カウボーイ・ブーツを履いた髭面男、そして彼女は腰まで届くような長い金髪でしたので、飛行機の中では私たちの組み合わせはおそらく目立ったのでしょう。同乗していた西村さんもそんなカップルに気がついておられたのです。そしてある日のこと西村さんは、ロチェスター大学のキャンパスを歩いていると突然その革製のカウボーイ・ハットの青年に出くわし、ショックを受けたという話です。

西村さんとはもっと長く一緒に学生時代を過ごしたかったのですが、西村さんのほうは記録的な速さで博士号（Ph. D.）を取得してしまい、それはかないませんでした。その後西村さんは南カリフォルニア大学を始め二、三の大学で教鞭を執られた後、日本に帰られました。

そして絶えていた二人の交流が、京都訪問のそのときから再出発しました。その友好は今もつづいていて、今では共著論文もあり、プロジェクトも進行中です。顔は似ているかもしれませんが、性格もこの世の見方・解釈もまったく異なります。そのためでしょう、西村さんから実に多くを学ぶことができました。

　私の人生に大きなインパクトを与えたもう一人の友との出会いがこの年にありました。数理研の河合隆裕先生の紹介でダニエレ・ストゥルーパ(Daniele Struppa)氏と数理研で初めて出会えました。河合先生と共著もあるイタリア人の数学者です。数学者には珍しいことですが、今はチャップマン大学の学長です。そしてまた、アメリカの大学ではこれまた珍しいことですが、彼は学長になってからも論文も出しており、論文・著書(専門書)の数も非常に多いのです。彼の研究分野は多変数複素解析学と超局所解析学です。ストゥルーパ氏とは彼が数学者から管理職のほうに移るまでは親友中の親友という仲でした。後ほどお話しする南イタリアにあるカラブリア大学への招待も彼の厚意で可能になりました。

　また、"Fundamentals of Algebraic Microlocal Analysis"という共著の専門書は、私たちの友情の象徴でもあります。ストゥルーパ氏と初対面になる日、彼を探していたら、氏が数理研の図書館で高いはしごに登り、本を見ている場面に遭遇しました。「ストゥルーパ教授ですか?」と尋ねたら、こちらを向いて「*Yes, I am.*」と返事。その瞬間でしょうね、不思議なもので「この人とは気が合うなあ〜」と感じました。

　こんな勘について、ついでにお話ししますと、アメリカでは大学のキャンパス内でも、町で道を歩いているときでも、またはエレベーターの中でも、他人と視線が合えばスマイルか会釈をして

「*Hi*」とか、「*Hello*」または「*How are you?*」と話しかけるのはよくあることです。不思議に思うのですが、目と目の合った人が「*Hello*」とか何か言ってくるかどうかが、その半秒くらいの間でまず間違いなくわかります。このアメリカ流の会釈としてのスマイルは、日本なら八〇歳以上のお爺さんかお婆さん、または四歳以下の子供相手でない限りしないほうが安全。そんなことは、日本人なら誰もがご存知でしょう。この欧米と日本との違いの根源はいったい何でしょう？　儒教の影響でしょうか、それとも単なる歴史的な社会現象でしょうか。

とにかくこの京都での出会い以来ストゥルーパ氏とは親友になり、その後、イタリアを訪問する機会も三度も用意してくれました。アメリカでの家族ぐるみの付き合いも始まり、またヴァケーションに一緒に行ったこともあります。

イタリア南部カラブリア大学

一九八九年六月、初めてのイタリア訪問です(六月一三日から七月一八日まで滞在)。ローマに着いたものの誰も迎えに来てくれる人はおらず、さて目的地のカラブリアへはどうしたら到達できるか思案に暮れました。すべてが行き当たりばったりでしたが、運良く同じ南の地に向かう三〇歳くらいのルージという男がいていちおう汽車に乗ることができました。ルージも含めて男五人とローマ大学の数学の学生アントレーラがローマからカラブリアまで一緒でした。皆初対面にもかかわらず、まるで長年の友のようにして数時間を楽しく過ごしました。日本人ならこんなときは不必要に畏まってしまって見て見ぬふりをするところですが、この五人の気さくさはアメリカ人以上です。学生のアントレーラは別にして、ドイツに出稼ぎに行ってドイツ語なら少し話せても英語は苦手というのが、このグループでした。こんなふうに行き当たりばったりでカオス的であったのですが、なんとかカラブリア地方の中心コゼンツァ(Cosenza)に到着することができました。イタリア語の gentile(親切)、molto stanco(大いに疲れた)、grazie(ありがとう)などを五人から教えてもらったので、その日からさっそく使い始めました。

イタリアならミラノとかフィレンツェとかのイタリア北部へ旅された方は多いと思われます。南は多分ローマかせいぜいナポリまででしょうか。カラブリアはイタリアの長靴のつま先部分、シチリア島に最も近い地方です。ここまで南下した方はあまり多くはないと思います。イタリア南部は北部に比べて経済的に貧しくて、文化も食べ物も言葉も北部とはだいぶ異なります。私にとって、ナポリより南のカラブリア地方はヨーロッパの国々の中で一番印象の強い所です。そんな南部にあるカラブリア大学で集中講義をする機会を京都大学の数理研で出会ったストゥルーパ氏が与えてくれました。

ヨーロッパの国々として、ベルギー、ドイツ、イタリア、イギリス、オランダ、スウェーデン、そして東欧の国ルーマニアを学会、講演、集中講義などで訪れましたが、南イタリアほど文化的に言って「アメリカから遠くに来たなあ〜」と感じさせられたところはありません。東欧のルーマニアはまた別の意味で遠くの国です。逆に、まだカリフォルニアにいるのではと錯覚を覚えた国はスウェーデンです。それはなぜだろうと自問してみました。英国人は別として、これらの国々でスウェーデンの人の英語が一番上手であることと、そして文化的なことと、人種的な面もあると思います。もちろん雰囲気としてただそう感じただけなのかもしれません。

カラブリア大学ではロンドン大学から来ておられたダン・ヒューズ教授にお会いしました。彼は毎年イタリアを訪問していてイタリア語も話せます。数学のことは話さなかったので、今でも彼の専門分野は知りませんが、ヒューズ先生とは本質的なことを話すことができました。年齢をごまかし、志願して若くして兵隊になったこと、太平洋戦争のさなか腕が千切れそうになっている四歳くらいの女の子を助けようとして落ちてきた爆弾で傷を負ったことなどです。戦後直ぐに、日本を訪問されたときの話もしてくれました。

私が南イタリアの印象を表現するとすれば「raw(なま)」という言葉を選ぶと伝えると、それは大いに当たっているとイタリア通の彼も賛成してくれました。イタリア語という言語は耳触りが良く、またイタリア料理も美味しく、イタリア人も温かいのですが、何か寂しさというのでしょうか、「ゴッドファーザー」という映画(そのテーマ音楽も含めて)を思わせる「パッション(情熱)はあれど、悲しみもある」、そんな雰囲気を感じました。この街にはマフィアはいますかと聞くと、返事は決まって「この街にはいないが、隣の町にはいる」でした。しかし、夕暮れ時に街を散歩していると、八百屋が閉店時間になってもまだ店の品が外に放置されたままでしたので「店の中に片付けなくて、大丈夫ですか」と聞いたら「大丈夫、あの店のオーナーはマフィアとのつながりがある。誰があの店の品に手を出すものですか」と返事が返ってきました。

カラブリアからみんなでローマに一緒に行ったとき、ある丘の上からローマを見下ろしながら、ヒューズ先生が「これらすべてがいつかは日本のものになるでしょう！」と言われました。それは日本のバブル経済が絶頂のころでしたので、そう言われたのかもしれません。

カラブリア大学では、コントラート教授職という称号をいただいて、D-加群についてのセミナーをしました。コホモロジー代数に注意を払ったセミナーでした。その内容の一部は前にも紹介したストゥルーパ氏との共著の本“Fundamentals of Algebraic Microlocal Analysis”(1999)として出版されました。滞在費をサポートしていただけるという段になって、所管の銀行は私の持っているビザではお金が払えないと言うので、そこで手に入れたのが、米国永住権を示すグリーンカードに相当するような保証カードでした。

その手に入れ方はこうです。恐れ入ることですが、カラブリアで知り合った五組の仲良し夫婦の一人が弁護士で、まる一日彼の事務所を閉めてのボランティアによってでした！　たったの一日で地元の警察署の署長さんと相談してグリーンカードのようなものを手に入れてくださいました。取得できたそのお祝いに、その日の夕食はこれまたその弁護士のおごりでした。こちらこそお礼しなければならないのに！　世の中には、この弁護士のように実にカッコイイ男もいるものです。我が友ダニエレに、この弁護士にいったいいくら払ったらよいのだろうかと尋ねたら、「そんなことをしたら、彼の格好良さが台無しになる！」と言われてしまいました。しかし、その後イタリア訪問のときは空港でＩＤの一部としてこのカードを見せるのですが、面白いのは空港で管理の人たちがそのカードを見て驚く様子です。というのは、いつも他の空港管理人に連絡して数人が集まり、皆がそのカードを興味深そうにして見入るからです。なぜかは今でもわかりません。

カラブリアに滞在中、泊まったのはホテルではなく、カラブリア大学からバスで一五分ほどのディ・レンデにある以前修道院だった簡素な建物でした。他の大学からの訪問者もいました。なんとも言えない素朴さは気に入りました。山のてっぺんにあるこの街の夕方、狭い路地に散歩に出かけると、日本人(アジア人)は珍しいのか子供も大人も一人で歩いている私にとても興味深そうでした。いろいろとイタリア語で話しかけてくるのですが残念ながら理解できません。英語も通じないのでただニコニコして目で話す程度でした。夕食を一人で取る日はレストランに夕方の八時頃行くのですが、たいていは私が最初の客です。九時、一〇時になると段々と人がレストランに入ってきます。大学まではバスで通っていましたが、教会の前を通過するときにバスの中で十字を切る人もいました。

七月の初め、ダニエレとヒューズ先生と一緒にローマに車で出かけ、ヴァチカンとかコロシアムとかを訪ね、いわゆる観光地めぐりをしました。今の法王のフランシスコはちょっと変わった方で、二〇一四年のクリスマス・メッセージにおいて、カソリックの上層部のカーディルとかビショップに対しては「貴方たちは魂的には認知症だ」とか、「生き方がプロセスをこなす機械のようにならないように……」と話したそうです。フランシスコ法王はヴァチカンの豪華なベッドではなくて、以前同様の cot（簡易ベッド）の上で寝ていると聞いています。ローマからの帰り、車のスピードは時速一五〇〜一七〇キロメートルでした。

ヴァチカンの豪華さとは反対に、カラブリアの田舎で日本のお地蔵さんのようなマリアとキリストをかたどったものを見ました。高さ・幅・奥行き五〇センチメートルくらいの三角屋根の箱が一メートル半くらいの棒の上に安置されていました。ローマの有名な歴史的建造物を見るのもイタリア紀行ですが、朝の修道院で窓から部屋に入ってくる風が羊のベルの音を遠くから運び、教会の鐘が静けさを醸し出す、そんなのもイタリア紀行です。五週間滞在した、山のてっぺんにあるディ・レンデの元修道院の一室をホテルにした滞在は大いに気に入りました。

カラブリア再訪

一九九四年に、イタリアで「第二回多変数複素変数における幾何学的及び代数学的な面」（Geometrical and Algebraic Aspects in Several Complex Variables, II, Cetraro, Italy）と題する国際学会が開かれました。南イタリア・カラブリア地方にあるサンミケーレ・ホテル（Grand Hotel San Michele）というホテルでの国際学会でした。京大数理研の河合隆裕先生を始め、スティーブ・クランツ、V・パラモドフといった世界に名のある数学者が集まりました。開催したのは我が友のダニエレ・ストゥルーパです。

南イタリアにあるこのホテルでの学会は特別なものでした。驚いたことに、ホテル専用のビーチがあり、そこにホテルから辿り着くには洞窟の中を行くエレベーターで降ります。すると、そこに広がるのは砂地ではなく、直径五ミリメートルほどのペブル、すなわち小石のビーチでした。左右は一〇〇メートルほどの幅があり、絶壁に囲まれています。こんなビーチを経験したのはこれが初めてでした。波穏やかな塩分濃度の高い地中海で仰向けに大の字になり、手のひらのみで透き通った水をかき、地中海の空がゆっくりと回転していくのを仰ぎ見ながら過ごしました。そんな午後のひとときをなんと表現したらいいのでしょう。こんな風に書くと遊んでばかりいたと思われてしまいますが、講演もセッションの座長も担当しました。また最終日での最終コメント役も担いました。しかし今となって記憶に残るのは耳を傾けた講演ではなく、やはりこうした普通の学会にはなかった自然の美です。

いろんな国での学会・国際学会においても、若いときの訪問の印象のほうが強烈です。若いときの経験を修業時代と言ったほうが響きはいいですが、見習い時代と言ったほうが私の場合はより実感がわきます。ここまで書いてきて気がついたことですが、心に強い印象を与える二〇、三〇歳代と比べますと、五〇、六〇歳代はより生ぬるいようです。しかし、私の五〇歳代にあたりますが、二〇〇〇年から二〇一〇年の一〇年間は一年の三分の一は国外(米国外)でした。そして、"Fundamentals of Algebraic Microlocal Analysis"(CRC Press, Taylor Francis Group)、『コホモロジーのこころ』(岩波書店)、"The Heart of Cohomology"(Springer-Verlag)なども五〇歳代に書いたものです。

話をカラブリアに戻しましょう。ワインセラーでの国際お別れパーティー(Gala Dinner)ではロシア人はウォッカ、フランス人はワインとそれぞれお国の飲み物を持って集まり、アルコールは飲まない私ですが、このお別れパーティーだけは例外としました。フランス人二人と同席しましたが、今は何を話したのか覚えていません。この学会で深く知り合えたのはスウェーデンから来た若い多変数複素函数論学者のマグナス・カーラヘッドです。スウェーデンの社会情勢とその心理についてはもちろんのこと、ヨーロッパの社会事情、その心理、政治・経済など実によく語り合いました。彼とは会議中どこに出かけるにもしょっちゅう話していたような気がします。このとき以来友だちになりました。その後彼は結婚し娘さんが一人います。因みに彼の苗字は祖母の苗字を選んだとのことです。アメリカ人なら、カリフォルニア州でも苗字は好きなのを選べます。

もう一人よく話した数学者がいました。彼は次回の集中講義にも招待され再度ここを訪問することになっていたのですが、彼がパーティーの席で「イタリア人の得意なことといえば、せいぜいワイン作りか、オリーブ油作りくらいだろう」とコメントしていたのがイタリア人の耳に入ってしまい、イタリア人のある招待者から「すまないけれど、招待は取り消しとなったと彼に伝えてくれないか」と頼まれてしまいました。この人たちにはお世話になっているし、仕方がないのでこの嫌な役を引き受けました。しかし、はっきりと彼にそれを伝えましたら、彼は意外にけろっとしていました。

南イタリアの夕暮れは素晴らしく、月見には最適です。月は国によって趣が異なるようで、暗くなりつつある地中海とオリーブの木をあちらこちらに散りばめた丘の上の満月は朧で温かい感じの月でした。出会えたイタリア人たちの多くはどうすれば人生を楽しめるのかをごく自然に知っているような、そんな印象を受けました。

ルーマニアの国際学会と東西欧州の差

二〇〇一年六月一二〜一七日、ルーマニア科学アカデミーの主催で国際学会が開かれ、そこに招待されました。カリフォルニア州ロスアンゼルスを出て、チューリッヒ経由でスイスの山中の綺麗な村を飛行機の窓から眺めながらようやくルーマニアの首都ブカレストに着きました。招いてくださったのはミハイ・ドラゴノスク教授という、ものすごい名前の人で、まぎれもなくルーマニア科学アカデミーのトップです。ルーマニア滞在中に私のことを「この方はカトー・ゴリー Katogoroy (category)」と紹介し、冗談のわかる人ですが、常にネクタイと背広(スーツ)を着ておられました。

ブカレストの人たちも犬が好きなのか、首都には犬がそこら中にいて、犬も幸せそうでした。フランスの映画俳優のブリジット・バルドーが多額の援助金をブカレスト市内の犬のために贈ったとかいう話を聞きました。ドラゴノスク教授のお力でしょう、三日目には五つのラジオ局が来てプレス・コンファレンスがありました。同じヨーロッパでも雰囲気も大変異なり、西欧と比べて生活様式にこんなにも差があるのかと思いました。

ルーマニア科学アカデミーの用意してくれた大きなホテル・アパートの照明は裸電球であり、またトイレット・ペーパーもなかったので電話をして届けてもらいました。一緒に泊まった三人の一人が掃除に来てくださった三人の女性にチップとして現金を渡そうとしたのですが、ルーマニア科学アカデミーから給料をもらっているからと言って彼女たちはどうしてもチップを受け取ることはありませんでした。

週末は朝の八時半にみんなでトランシルバニア地方の美しい山々にドライブに出かけました。もちろん、ドラゴノスク教授はスーツとネクタイ着用のきちんとしたお姿でした。かの有名なドラキュラ城の近くに来たとき「あちらに見えるのがドラキュラ城です」と言うだけで通り過ぎてしまいがっかりしました。ドラキュラは身分の高い伯爵で、東方からの侵入を防ぐために捕まえた東方人の首を突いた槍を立てたという話を聞いたことがあります。美しい山並みの中にある高原の馬車も通る村で印象的だったのは、四〇歳代と思える母親が一五歳くらいの娘と地元製のチーズを売っている小屋が田舎道沿いにあり、実に爽やかな空の下、一九五〇年代に戻ったような光景でした。ルーマニア訪問は短いものでしたが、まだ慎ましやかさが残る東欧を体験できたことが幸いでした。

インドの国際学会にて

二〇〇二年の二月の初めにシンガポール経由で、インドのコルカタで開かれた「科学と哲学」をテーマにした国際学会に向かいました。今にいたるまでアジアでの学会(日本は例外)は、これが初めてであり最後の経験です。シンガポールで一泊し、観光タクシーを雇って市内のいろいろなところを案内してもらいましたが、結局は第二次世界大戦で日本軍が悪いことをした場所とかその記念碑みたいな所しか見せてもらえなかったので、何か騙されたような印象を受けました。北緯一度ということもあってか、花が至るところに咲いていたのが印象的でした。

カルカッタはその頃すでにコルカタ(Kolkata)という名に変わっていました。コルカタの飛行場に着いて、友人の理論物理学者シサー・ロイ(Sisir Roy)を見つけたときはなぜか少しほっとしました。驚いたのですが、飛行場からのタクシーに乗っていると、窓から寂しそうな目をした若い男が突然手を入れてきました。シサーは「やめろ!」と追い払いました。タクシーの窓から手が飛び込んでくるなんてことは生まれて初めての経験でした。飛行場からラマクリシュナ伝道文化研究所(Ramakrishna Mission Institute of Culture)までの道は霧が濃く(スモッグかも)かつひどい埃道で、でたらめと言っていいほどの交通事情でした。「これはもの凄い所に来てしまったなあ〜」と思いました。

いったん陽が落ちると、ボソッと落ち、優しい夕暮れといったものがなく急激に暗くなり不気味さを感じました。この自然とは肌が合わないと思いました。一番涼しい二月の初めでしたので道行く人は冬用のものを着て歩いていましたが、私には夏の暑さでした。二月七日の朝食では愛知県豊田市に何十年と住んでいたインド人ご夫婦と共にしたときに「日本人は温室育ち」そして「インドでの滞在中どうか乞食は絶対に無視してください」と言われました。その日のこと、三歳くらいの妹(でしょうか)を腰におんぶした一〇歳くらいの女の子が、タクシーの窓は開いていると思ったのでしょう、手を車の窓にぶつけました。ポケットの中の有り金全部をやろうとしたら、突然手を友のシサーが押さえて「小銭にしなさい」と言いました。その理由は「彼女は小銭しか使い方を知らないから」でした。

八日は学会初日で、私の講演の反響は思ったよりもずっと良くて高位の坊さんの一人がこう言いました、「貴方のような講演は初めて、貴方のような人には会ったことがない……」と。ここまでなら、ポジティブにもネガティブにも解釈できます。そのつづきがあるのですが。その後、即興で特別講演もしました。また、インド統計研究所(I. S. I., Indian Statistical Institute)の数学科でも講演し、講演後に何気なくルブキン先生の最初の(博士号)学生だと話したら「本当ですか!」と、反応の仕方とその後の扱いが大きく変わったのには驚きました。ルブキン先生はやはりインドでも有名なのだと思いました。

ほとんどはタクシーで移動しましたが、ときには街を歩くこともありました。埃まみれの路上、焜炉で夕食を準備している母親を待っている四、五歳の女の子が埃で灰色になった布の上に横たわり、その布の端を摑んで自分の小さな体を丸くなるように包みました。その仕草は大人なら誰でも知っている子供のいじらしい仕草でした。先に言われたようになんとか無視して歩こうとしていたのですが、自分の息子の五歳の頃を思い出し、涙が急に出てきてしまい止まりませんでした。他にも駅で跪いてお金をねだる一〇歳くらいの少年が近づいて来ました。何も跪かなくてもいいのにと思ったら、彼は膝から下の部分がないのです。よりお金がもらえるように膝の下を切ったのかもしれないと友が後で話してくれました。

先進国に住んでまあまあの暮らしをしている人なら「同じ人間でありながら、どうして物質的豊かさにおいてこんな差ができてしまったのか……」と考えてしまうと思います。このようなことがあったからではありませんが、罪悪感を自分の心から少しでも取るためという身勝手からの行動と承知の上で、文化研究所からの旅費の援助金とカリフォルニアの家族へのプレゼントを買うお金をラマクリシュナ本部に寄付しました。この行為はまさしく自分の気持ちを癒すためのものでした。

聖なるガンジス川のほとりにある館で高齢のスワミ・ランガナタナカンダという最高位の人に会うことができ、そのときにサンスクリット語の抒情詩集『ギータゴービンダ』の三巻をいただきました。本当のことだと信じたいのですが、先代の最高位の人が亡くなったとき、彼の所持品は二組のサンダルと二組の着物のみであったそうです。しかし、こんなこともありました。タクシーから見えたのは立派なホテルで「こんな豪華ホテルに泊まるには一泊どのくらいだろう」と運転手に聞くと「これはホテルではなく個人の家です」と返事が返ってきました。

宿泊したラマクリシュナ文化研究所の部屋には蚊帳が用意されていました。朝六時になるとブルドゥーというインド人がお茶を持ってきてくれます。また部屋の掃除も彼が毎日してくれます。以前インドは英国の植民地であったことが連想され、同じアジア人として何か嫌な思いがしました。

ドイツとオランダ訪問

二〇〇二年の夏休みに入って、ドイツのダルムシュタットの「論理と知識」についての学会に出席しました。この当時は temporal topos 論(テンポラル・トポス)はまだ完成しておらず模索中のところもあり、我が友のカール・エアリッヒといろいろ議論していました。六月一六日(日)の学会の最終日はガンター教授の家に夕食の招きを受けて私たちは出かけたのですが、ガンター氏の家には観音様と大きな漢字辞典がありました。ガンター氏の父は医者でしたが漢詩と中国の焼き物については一流の知識と興味を持っていたそうです。

夕食パーティーの後、近くのお祭りに行きました。お祭りはどの国でも共通の雰囲気があり何かウキウキしている感じでした。どうやら現地では日本人は初めてなようで好奇心を持って見られている感じがしました。外国人が日本を訪れるのも同じと思いますが、京都、奈良、東京といった観光地より日本人ですら聞いたことのない日本の小さな街とか村は何千どころか何万とあります。本当はそんな所に行ったほうが本物の日本人を知るにはよいでしょう。そのときはそのドイツ版を経験しているような感じがしました。ドイツはアメリカに比べて大学教授の社会的な地位は高いようでして、バス停で世間話をしていた老人は私たちが大学教授とわかると咄嗟にベンチから立ち上がり敬意を示すお辞儀をしたのには少し驚きました。その人は年配者でしたから、昔のドイツの伝統的価値観で育てられたのかもしれません。

次の日曜日はカール・エアリッヒとライン河の堤防を歩きながらドイツ哲学、伝統、文化を大いに語り合いました。今でもはっきりと覚えているのですが、まるでドイツの精神文化の豊かさの象徴であるかのようにその日ライン河は溢れるように滔々と流れていたことがとても印象的でした。冗談も交えた会話をしながらのライン河沿いの帰り道の空は下弦の月と星でいっぱいの夜空でした。

次の月曜日には私が圏論と層の理論について話しました。その後、形式概念解析(Formal Concept Analysis)についてカール・エアリッヒが話しましたが、そのときは一応理解できたように思えました。ランチは彼の夫人も加わってドイツの歴史の話になってドイツ統合の話に及んだときは感動しました。第二次世界大戦はドイツの文化と伝統に取り返しのつかないほどの大きな傷跡を残しました。その当時の日本のアジアにおける立場が思わず重なりました。一〇〇〇年以上つづいた国々の間で攻めたり攻められたりの血だらけの歴史があるにもかかわらずEU(The European Union)、ヨーロッパ統合を成し遂げた欧州の人たちは立派だと思いました。長い戦いの歴史のある欧州人たちがやり遂げた統合と同じように、日本人も含めた今のアジア人が、AU、すなわちThe Asian Unionを実現させるアジア人としての誇りと自信と心の広さがあるかと問われるととてもそうは思われません。

次はオランダのアムステルダムへ向かいました。「意識」をテーマにしたこの国際学会には恐れ入りました。オランダはもとより、フランス、イギリス、ドイツ、オーストリア、フィンランド、そしてアメリカからは私ともう一人(この人は天文学者H・シャプリーの息子でカールといいます。一九三五年のアインシュタインのかなり有名な写真でG・バーコフの隣にいる子供がこのカールです)が集まって全体としてヒッピー的なのです。寝るところも大きな部屋で、みんなで雑魚寝でした。長身で知られている国々の中でもオランダ人が最も長身のように思われます。音頭取りのオットーという男も二メートルくらいでした。

ドイツから来た教授のヨアヒムの話以外、意識をテーマにしたドキュメンタリー映画を作って成功を収めたグループなど参加者の講演は一般的に言って眉唾物と思いました。六月二三日にヨアヒムとヴァン・ゴッホ博物館に行き、ゴッホの作品を鑑賞しました。ゴッホの晩年の主な作品は厚塗りで短時間に描かれており、ゴッホの絵はまるで昨日描かれたように生き生きとした色のままでした。

オランダ人によると発音はゴッホではなくホッホだということです。何度読んでもホッホの書いた手紙には感動があります。学会が終わり、フィンランド人の友マッティを見送りに、フェリーで北へ向かってそこで運河の船の渡しを見ながら歩いていると鯉釣りをしているオランダ人と出会いました。彼が言うには「第二次世界大戦中、ドイツ兵にオレたちは自転車を盗まれた」と。今更ながら、ドイツも日本も近辺の国々からの評判は悪いものだなあと思いました。アムステルダムの二週間にわたる「意識」に関する学会は興味深さこそありましたが出席する価値はなかったように思います。

イギリスの理論物理学国際学会にて

物理学には若いときから興味はありました。ロチェスター大学時代に層という概念が物理に関係していそうだと感じていましたので、ずっと二〇年以上その気持ちを温めてはいたのですが、なかなか発表する機会がありませんでした。インド人のシサー・ロイとギリシャ人のメナス・カファトスという二人の物理学者にジョージメイスン大学で友ダニエレ・ストゥルーパの紹介により知り合うことができました。

イギリス人の有名なロジャー・ペンローズ氏が今から二〇年以上前でしょうか、カリフォルニアのどこかの大学で「そのうちに圏論で物理学をやる日が来るだろう」とかいうコメントをしたという噂を聞きましたので、この二人を実験台にずっと思っていたことを話してみることにしました。そうしたら、「量子もつれ」のところに来たときに「それを使えば、量子もつれは一行ですむではないか」と反応がありました。「しめた！」というわけです。

理論物理学者中の理論物理学者と言われるクリス・アイシャム(Chris Isham)氏がインペリアル大学にいて、そこで「第二回トポスと理論物理学国際学会」が開かれました(二〇〇三年七月一七〜一九日)。主にイギリス本国からトポスを物理学に使う人が集まりました。このトポスと理論物理学の学会はインペリアル大学でJ・ランベック(Lambek は二〇〇二年のドイツの学会で会った人です)のPh. D. 学生であったイオアニス・ラプティス(Ioannis Raptis)というギリシャ出身の若手物理学者が中心となり努力してくれました(彼は物理学者である前に自分を詩人とみなしていると言いました)。

講演者は初日の七月一七日がChris Isham, John Bell, Goro Kato, Raquel Garcia, Steve Vickers、二日目はIoannis Raptis, Fred van Oystaeyen, Ronnie Brown, Chris Mulvey といった方々です。これが欧州物理学会への私のデヴューとなった学会です。

リエージュからドイツ・ダルムシュタットへ

ベルギーのリエージュ(Liège)というのは刃物で知られている町です。この街で国際学会があり、二〇〇一年八月一三日にフランクフルトからカール・エアリッヒと電車を乗り継いでリエージュに着きました。あまり気の乗らない国際学会でしたが、オランダ人オットと、大変シャイだけれども真面目なフィンランド人のマッティと再会できたのは幸いでした。そんなわけでこの学会のことはただ物凄く暑かったことを除けばあまり覚えていません。この学会では私の講演に対する二人のフランス人の物理学者(お名前は忘れましたが、エコール・ノルマルとブリストン大学からの参加)の反応は悪くなかったです。ヨーロッパは五、六十年前と比べると夏がより暑くなったと聞いております。

前にも書きましたが、このエアリッヒとは気が合って家族ぐるみの付き合いもあり、今回も毎晩夜中までよく話しました。アメリカ人が人種に対しては驚くほど過敏であるように、ドイツではユダヤ人に対して一つ間違ったことを言えば大学をクビになる恐れがあるとのことでした。

学会後はすぐにフランクフルトに戻り、彼の家のあるダルムシュタット(Darmstadt)に向かって、八月一八日(土)はフランケンシュタイン(Frankenstein)城に行きました。アメリカの伝統行事のハロウィーンが一九七〇年代からフランケンシュタイン城でも始まり、それがここ一〇年くらいから大盛況となって、ドイツのあちこちから毎年何千人と集まるようになったとのことです。

フランケンシュタイン城のすぐ隣に聖域のようなところがあります。それは森の中で、そこに縦・横・奥行きが約四メートルの大きな岩があり、不思議なことにその岩の周り直径二〇メートルほどは木が生えておりません。そこに気球で旅をするのが趣味という人がコンパスでその岩のあたりを調べていて、なんとその大きな岩は磁気を帯びていました。周りに木が育たないのはその磁気に関係があるのかどうかは知りません。言い伝えによれば、キリスト教が生まれる前の何千年前から魔女たちがその石(Magnetstain)の周りを踊りながら何かの儀式に使っていたとのことでした。

この訪問ではフランクフルトにあるゲーテの家も見に行きました。ドイツ人の誇りなのでしょう、ゲーテの勉強部屋のような部屋に入るやいなやカール・エアリッヒはファウストのある節を実に大らかに暗唱し始めました。エアリッヒですが、彼の趣味は体操で、故郷のダルムシュタットでは今でも子供たちの指導をボランティアでしております。欧州訪問中はよく彼の家に泊めてもらい、家族のこと、夢と人生について語り合いました。

ルンド大学訪問

二〇〇七年、ベルギーから直接スウェーデンの南の端にあるルンドに向かいました。デンマークのコペンハーゲンから電車で向かってルンド駅に着いたとき、すぐにトイレに行きたくなりました(私もそういう年齢です)。トイレのドアを開けるには小銭が必要なのですが、そんなものは持っておりませんでした。そうしたら、気がついてくれたのでしょう、これを使いなさいと言って見知らぬ紳士が小銭を渡してくださり、これは親切な人だなあと思いました。夕方の九時を回っていたと思いますがまだ明るく「さてどこに行けばいいのだろう」と思って歩いていると、スーッと目の前に車が止まり「どこまで行きますか。そこまで乗せていくから乗りなさい」と五歳前後の女の子を乗せた母親が親切にも聞いてくれたので、ルンド大学まで乗せていただきました。偶然かどうかわかりませんが印象として「えらく親切な国に来たものだ」と思いました。お陰で大学のキャンパスには到着できたものの例のハンディキャップのためか情けないことに迷ってしまい、またもや、実に親切な女子学生二人に大学ホテルまで連れていってもらいました。着いたのは夜の一二時過ぎでした。そんな親切さは滞在中つづきました。

またこの親切な人たちの英語も自然な英語でアメリカを離れた感じがしませんでした。この感覚はスウェーデンにいる間は変わりませんでした。

ルンドでの講演では、N複体とその導来圏及びウア・コホモロジー論について話しました。そもそもN複体の定義を以前に教えてくれたのは若いスウェーデン人の代数学者のダニエル・ラーソンです。ちなみに、二〇〇六年にシュプリンガー社から出た"The Heart of Cohomology"は彼がテフ(数学組版ソフトのTeX)でタイプに打ってくれました。一、二年前に彼はアントワープ大学における私のセミナー・シリーズの学生でもありました。そのとき面白い個人的なゲームをしました。彼に定義だけを聞いてどのくらいのことが言えるかを試すというものです。他人の論文を読むことは大切なことですが、読めば不必要な偏見が入る可能性もあります。その頃、N複体は主にフランスとアメリカで論文が出ていましたが、N複体とその導来圏はより一般化された形で最近(二〇一六、二〇一七年）日本の数学者によって論文にされました。

ルンド大学といえば偏微分方程式論の権威であるラース・ヘルマンダー氏で有名です。その頃数えで八〇歳で、週に二、三回は大学に自転車で来られるという情報を得ていたのですが、残念ながら滞在中に会えませんでした。

5

別れ——還暦の研究所訪問

思わぬに時雨の雨は零りたれど天雲霽れて月夜さやけし
——『万葉集』巻一〇の二二二七

生まれて以来、ずっとそこにいてくれた人が亡くなってしまうこと、それをはっきりと自覚するのには時間がかかります。若くして日本を離れ、米国に来た人ならおそらく誰もが経験するでしょう、そんな悲しみを。私の場合、父のときと同様に死に目に会えなかった母との別れ、それが二〇〇八年の冬にありました。

その年の二月一三日(水)、兄から電話があり、次の日午前五時にカリフォルニア州サンルイスオビスポ市から三河の我が家に向かいました。その前日はちょうど大学で試験をおこなう日でした。解答を終えて試験の解答用紙を提出していく学生のために、講義室の出口のデスクにその週の木曜日、金曜日の講義はキャンセルすると、その理由(母の葬儀)とともに、メモ書きを置いておきました。いつも大変元気のいい学生たちのそのメモを読んだときの表情の真剣さがとても印象的でした。

雪混じり模様の郷里に着いたのは一五日の午後四時頃でした。日本での葬儀で覚えているのは小学校一年のときの祖父のときが最初にして最後でした。故郷の我が家に着いたとき、誰もいませんでした。どうしたものかと思っていたら、隣人が、家族みんな葬儀場のほうに行ってしまっていると教えてくれました。

アメリカも以前はお通夜（英語でwakeと言います）をしましたが、今では多くの場所でその伝統はなくなってきているようです。アメリカに来てからは隣人、知り合い、友の葬式に出席しましたが、日本の葬式は半世紀ぶりでした。ここまで読んでくださった読者なら想像がつくかもしれませんが、日本的な葬儀での常識的な行動を知らないせいかまたは我慢が足らなかったのか、冷たくなった母の頬を撫でたときに人前にもかかわらず思わず泣いてしまいました。そうしたのは兄弟の中で末っ子の私だけでした。読者の中にも私のような境遇の方がいらっしゃると思いますが、今でも母に対しては申し訳ないという気持ちでいっぱいです。

日本から帰米したら、母の死を悼んで帰ってきた私を慰めるため学生たちが寄せ書きをしたカードをくれました。陽気なアメリカ人学生たちですが気を配った思いやりある行為でした。

そして、オフィスの部屋の机の上に置かれた一通の手紙が目に入りました。今回は初めて個人的なドゥリングからのプリンストンへの招待でした。カリフォルニアから飛行機でニューアーク（Newark）には七時半頃に到着し、電車でプリンストンに向かいました。プリンストンの駅ではドゥリングご夫妻が迎えに来てくださいました。再会のとき、私たちはいつも日本流にお辞儀をするのですが、私の母の他界後だったからでしょうか、今回はイエレーナさんからは大きな温かなハグ、そしてドゥリングは少し長めの確かな握手をしてくれました。これは二月二三日の夜のことです。

二人の子供たちは独立して部屋が空いており、今回の滞在中は息子さんの部屋を借りました。すなわち、このときの訪問はドゥリング家での居候です。朝は八時頃に起きるのですが、二階への階段の中腹に置かれたモーツァルトが流れるオルゴールが目覚ましがわりでした。そして、のこのこと台所に向かうというのが朝の始まりです。

その頃プリンストン高等研究所では、代数幾何学と導来圏のセミナー・シリーズがおこなわれていましたので、講演を聴きに行きましたがどれも興味こそあれ頭の上を通り過ぎていくような講演が圧倒的に多かったです。ヴェイユ先生の他界後ですので、ランチのときは私が早々とテーブルについて一人で食べていると、右隣にはジョン・ナッシュ先生が、しばらくするとドゥリングが私の正面に座り、その後アンドリュー・ワイルズがその右隣の座席に着く、……。ああ研究所に戻ってきたなぁと思いました。

次の日は朝からトレントンまでドゥリングたちと自転車で片道一時間半の買い物に出かけました。帰り道ドゥリング夫人の自転車がパンクしてしまったので、お付き合いで最後の四〇分は自転車を引きながら歩いてドゥリング家に戻り、時差ボケと疲れもあって寝入ってしまいました。一、二時間後に目がさめると家には誰もいません。みんなどこへ行ってしまったのだろうと思いながら、静まりかえった家の一階のダイニング・ルームに降りていき一人ぼんやりとしていました。ドゥリングが帰ってきたのは夕方の七時頃でした。夕食用のポテトの皮を剝くのは私の仕事で、ドゥリングは鶏肉をオレンジジュースで煮て、それでできあがりです。デザートのアイスクリームを加えて二人での簡単な夕食は、数学の話（複体は驚くべき……、ポアンカレ不変量との繋がり、$d^2 = 0$は深い……、など）をしながら終えました。しばらくして、夫人がロシア映画を観てきたと言って帰ってこられました。何かしら強いインパクトのあった映画であったようです。

この訪問中に研究所のコモン・ルームで私に熱心に導来圏の同値に関するあるロシア人数学者の仕事を説明してくれているドゥリングとのスナップ写真を偶然に居合わせたプロの写真家が撮ってくれました。この写真は私の宝物です。

この頃ドゥリングはベルギー国王から一代貴族の称号を受けました。その紋章が素晴らしいのです。初めは鷲の絵が紋章に入っていたのですが、紋章に一緒に描かれた三匹の鶏が鷲を怖がるからといって取り外してもらったそうです。三匹の鶏が一列に並んで歩いているその意味は数学の証明を象徴しており、当たり前（自明）のことの繰り返しを意味するそうです。

いよいよカリフォルニア州に戻るときが来ました。ドゥリング夫人とは家でお別れし、ドゥリングは駅まで見送ってくれました。いつもそうですが、おたがいが見えなくなるまで見送ってくれ、それも電車が走り出すと一緒に走り出し、終わり頃は全速で走っての見送りです。本当に見送ってくださったという気持ちでいっぱいになりました。こちらも最後まで手を振って、ドゥリングの姿が見えなくなってから窓を閉め席に腰を下ろすと、向かいの席に微笑みを浮かべた女性が「あなたの友はいい方ですねぇ」と言われました。それがきっかけになり彼女と会話が大いに弾み、文化、心、教育などと話はつきませんでした。

注

第1章

(1) 一八歳くらいから日記をつけていますので、このような正確なことが書けます。日記を書かなかった(書けなかった)のは、ルブキン先生の下でのロチェスター大学博士課程の時期だけでした。一九七四年から七八年までのこの時期は精神的に特異な状態であったからでしょう。

(2) 大数学者の子供にはその才能が遺伝しただろうかと興味を持つ人がかなりいます。むしろ因果関係の面から見ても大数学者の先祖(forefathers)、すなわち両親とか祖父母に要因があり、結果として大数学者が生まれたのかと推測するほうが興味深く思われます。しかし、数学者の前に「大」のつくような数学者はそれこそ大自然のいたずらなのかもしれません。大数学者の代表としてカール・フリードリッヒ・ガウスをとっても息子が四、五人いたと言われていますが、数学とは無関係の息子さんたちだったのでしょうか、そのうちの一人の息子がアメリカに移住して農業を営み、その子孫は米国中に現在非常に多くいます。私が教えている大学の数学科の学生の一人がカール・フリードリッヒ・ガウスの八代目の子孫です。彼の顔はあの有名なガウスの顔と偶然ですが少し似ています。ガウス家に代々言い伝えられている話として、彼が祖母から聞いた話では、ガウスは自分の子供たちが数学者になることにはむしろ反対で、「もし数学者になりたいのならまずオリジナルのことを見つけ、それを私に見せなさい」と息子たちに話していたそうです。

(3)(4) この本では、「研究所」は常にThe Institute for Advanced Study(通常日本語でプリンストン高等研究所)のことを指します。世界恐慌の最中に作られた研究所で、米国ニュージャージー州のプリンストン市にあります。初期の頃は欧州から来たアインシュタイン、ゲーデル、ワイルなどの人々がメンバーでした。

（5）今でもProfessorを付けてドゥリング教授と彼を呼んでいます。ドゥリング家では、私が苗字*Kato*と呼ばれているように苗字のみ*Deligne*と呼ぶように言われたのですが、四歳年上というよりは、l-進&p-進コホモロジーを専門にする者にとっては、グロタンディエック(Alexandre Grothendieck)と共にドゥリングは英雄中の英雄です。その点はやはり日本人であるからでしょうか、そんな大数学者を苗字だけではとても呼べません。しかし、この本では、Professorを付けないで「ドゥリング」と書かせてもらいます。ガウスやリーマンを今ではガウス先生とかリーマン教授とは誰も呼びません。

　ついでにと言ったらなんですが、アメリカでの習慣をお話ししましょう。日本では何かを人に教える人は「～先生」と呼ぶのが一般的ですが、大学教授をアメリカでは「Prof. ～」か、または「Dr. ～」と呼ぶのが一般的です。「Mr. ～」という呼び方はその人が博士号(Ph. D.)を持っている場合はアメリカでは失礼に当たるかもしれません。しかし、この本に出てくるような数学者は「Dr. ～」と呼ぶよりは、「Prof. ～」と呼んだほうがいいでしょう。それはDr. は当たり前で、Professorになるほうが研究第一主義の大学では難しいというのが元々の理由の一つです。逆に、研究第一主義的ではない大学で、一九五〇～六〇年代以前まではDr. はより難しくてProfessorになるほうがより易しかったので、今でも「Dr. ～」のほうが好まれる伝統が残っているところもあるかと思います。自由で形式ばらないアメリカでもそういうところがあります。因みに、ドイツ、オランダとかの文化圏では今でもProf. und Dr. (または、Prof. dr.)両方、一九世紀には、大学教授は大変な権威のあった存在でしたので、その他にHerr(英語のMr.)と三つもつけることがあります。礼儀正しい日本が意外にも「～先生」ですべてオーケーですから、その点簡単です。

（6）正式な名前はCrossroads Nursery Schoolで、この研究所への訪問第一回目から二年後の一九八八年に三歳弱であった我が息子(今では三〇歳代です)が親から離れて初めて通った懐かしい幼稚園でもあります。

(7) この*liftable*、日本語では「持ち上げ可能」という数学用語です。典型的なケースはXが有限タイプの局所ネーター環Aの閉点s上のスキーム$\tilde{X}$(scheme over the closed point)として与えられたとき、A上のフラット(flat)な有限タイプなスキーム$\tilde{X}$が存在して、その$\tilde{X}$のs上のファイバーがXと一致(スキームとして同型)するかどうか? そんな$\tilde{X}$が存在するときに、Xは持ち上げ可能といいます。そしてそんな$\tilde{X}$を「一つの持ち上げ(lifting)」といいます。

(8) 読者にお尋ねしますが、あなたの家の玄関から家族以外の人でノックなしで入ってくる人はいますか。こんなところにも彼の心の大きさを知り、また自分の心の狭さを思います。とは言うものの、黙ってノックもしないで入っていっていいのは家族以外では私だけなのかどうかは知りません。

程度の低い話になりますが、普通のアメリカの家では知り合いでも誰でもまずはベルを鳴らすとかノックをするとかして、訪問者がドアを開けるのではなく、その家の者がドアを開けてくれるまで訪問者は待つのが原則です。家の中から大声で「*Please come in!*」とか言われない限り、アメリカでは訪問者自らはドアを(一般的には)開けないようにしてください。たとえ、それでピストルで撃たれても裁判では勝てそうもありません。

(9) ドゥリング家との偶然的な出来事がこのときから数多く起きています。あえて具体的には書きませんが、あまりにも多くの偶然の一致があり気味が悪いほどです。

(10) 数学に興味ある人に少しお話しします。恩師ルブキン先生の†-完備(†-completion)を使ったp-進コホモロジーを使ってp-進デルタ函数(p-adic hyperfunction of Dirac type)の層$H_{\{0\}}{}^{n}(\mathcal{O}_{S^{\dagger}})$が定義できます。ここで$S$はアファイン$Spec(\mathbb{Z}_p[T_1, T_2, \cdots, T_n])$のファイバー、$\{0\}$は$T_k = 0$, $k = 1, 2, \cdots, n$で定義された

閉原点です。もっと一般的にk番目のコホモロジー層

$$H^k_{(T_1 = T_2 = \cdots = T_k = 0)}(\mathcal{O}_S{}^{\dagger})$$

のみが消えない層を$(T_1 = T_2 = \cdots = T_k = 0)$上で定義されたハイパーファンクション層と呼んでもいいでしょう。

それを使って微分方程式論におけるエーレンプライス(Leon Ehrenpreis)の fundamental principle の真似事ができないだろうかと思ったのです。それの数論への応用についてラングランズ先生に手紙で聞いてみたのが始まりです。ここまでくれば誰でも、それじゃあp-進$D^{\dagger}$加群(p-adic $D^{\dagger}$-module theory)を考えたくなります。そこで、二年後の一九八八年に京都大学数理解析研究所のD加群の世界の最高峰である柏原正樹先生(二〇一八年チャーン賞受賞)にお聞きしたところ、例を使って少し計算された後に「うまくいくかもしれないなあ」と言われました。しかし、この返事は「そりゃあ、すんなりいくでしょう」とは大違いの返事であり、柏原先生がこのように表現されたということはノン・トリビアルなプロジェクトになる証拠と受け取り、すぐ手を引きました。このp-進$D^{\dagger}$加群のほうはまず、グロタンディエックの学生であったクリスタリン・コホモロジーで有名なベルトロー(P. Berthelot)が開拓し、最近ではAbe、Caro、Virrion、Kedlaya、Tsuji、Mochizuki、Noot-Huyghe、Shihoといった方々が研究中で大変興味はありますが残念ながらついてはいけません。

特別に参考書とか参考論文もほとんど必要としないレベルの内容であるときは、これからも数学の中味を話がスムーズに流れるためにも少しは書きますが、数学そのものに興味のない方々は数学的な記述は無視してくださって結構です。

(11) フランス高等科学研究所(I. H. E. S., Institut des Hautes Études Scientifiques)というのはパリの郊外に

ある研究所で、デュドネ(Jean A. E. Dieudonné)とグロタンディエックが初代のパーマネントなメンバーでした。

(12) ルブキン先生の本名は Saul Lubkin です。ルブキン先生については次の章で取り上げます。因みに、博士号には伝統があり、その分野の始祖から数えて何番目かを言うことがあります。筆者はドイツのゲッチンゲン大学の一九世紀の大数学者カール・フリードリッヒ・ガウスから数えて九代目です。アメリカ数学会の系図プロジェクト(AMS genealogy project)というものがあって、ルブキン先生の指導教官は John Tate 先生、その先の指導教官は Emil Artin (Michael Artin の父)といった具合に簡単にわかります。血統のほうでも初代から数えて n 代目ともなれば初代の血のたったの $1/2^{n-1}$ です(すべて血縁関係のない他人との間の子供と仮定して)。たとえば、九代目ともなれば初代のたった $\frac{1}{256}$、すなわち、〇・四%の血しか入ってないわけです。血統的には赤の他人のようなものです。学問上でも初代のほうがあまり偉いとそのレベルを保つのは難しくなっても不思議ではありません。血の繋がりだけで何代もつづけることができるという昔からの職業は、ある意味では特別な才能はいらないということであり、それと同時に伝統と文化の強さと解釈するのが当たっているのかもしれません。

(13) ヘンリック・イヴァニアッツと発音するのが元のポーランド語の発音に近いようですし、そのように本人からも聞いております。彼は、私のポーランド語の名前の発音が正しいので驚いたようで、それではということで、難しそうなポーランド人の苗字をいろいろと書いてくれて「これはどう発音する?」とテストされました。ほとんどは正解であったように記憶していますが、私の記憶が怪しいかもしれません。イヴァニアッツは四年に一度の国際数学者会議(フィールズ賞の発表がある国際会議)で一時間講演をするような解析的数論における世界的権威です。面白いことをイヴァニアッツから聞きました。ポーランド語の表現で「まあまあ」のことを「ヤッコタコ(jako tako)」というそうです。ちなみに、この面白い表現を聞いた日の日記にこうありました。「数学に何の希望も持てぬ一日であった。今日学んだことといえば、たった一つ、イヴァニアッツが言うには〈ヤッコタコ〉は、「まあまあ」の意味だそうな。ポーランド語で〈まったく駄目だ!〉は何と言うのだろうか……」

(14) Peter Sarnak は数論学者で、今はこのプリンストン高等研究所のメンバーですが、そのころはスタンフォード大学だったと思います。

(15) ヴァイアーストラース族(Weierstrass family)というのは、標数が素数 p 上の代数曲線族で、そのゼータ行列の計算というのはルブキン先生が私に示唆された博士論文のトピックスでした。このことについては実に面白い話があります。第2章でふれます。

(16) 著者の妻は米国人(ドイツ系)で高校の国語教師(すなわち、英語教師)を長くやっていますが、デートし始めた頃から英語を叩き込まれました。これはよくあることですが、日々の生活ではこちらに来て五、六年後には英語と日本語がほぼ同等(equivalent)になります。自由に外国語が話せるご利益としては、我を忘れて(これは何語で話しているのか意識せずに言う意味も含めます)会話の内容に夢中になれるということです。しかし、夏目漱石の「草枕」を英語と日本語で読んだところ、その印象は「どちらも難しい」でした。著者の語学力はそのくらいですので悪しからず。

(17) "The Mathematical Intelligencer," Vol. 34, No. 1, 2012, pp. 57-61. を見てください。

(18) ウア・コホモロジーという概念があります。英語では urcohomology です。原始コホモロジーとでも訳しましょうか。日本語の『コホモロジーのこころ』を出版直後、ヨーロッパ科学財団のサポートによる集中講義の機会を我が友ヴァン・オイスターエンが与えてくれました。その集中講義を基にして書いたのが

"The Heart of Cohomology," Springer, 2006. です。この本を恩師ルブキン先生とドゥリングに送ったところ(実はドゥリングの奥様に送ったのです。なぜって？　この程度のものはドゥリング自身に送るのは失礼だと思ったからです)、ドゥリングから直ぐに手紙が届いて、この本の中のある命題の主張に対する簡潔な反例が書いてありました。さらに、この本のスペクトラル系列の節が中途半端であるというご指摘もしてくださいましたが、まったくその通りなのでした。

この一般化された不変量ウア・コホモロジーの仕事は先ほど申しましたようにカリフォルニアに来た頃のお話ですが、数少ない発見の中でも面白いことを経験しましたので、少し書きます。数学上の大発見をするというのは超一流の数学者が経験することでしょうが、「大」のつかないただの発見なら、普通の数学者でもありますので、どこの大学でもいいですから数学をやっている人に経験談を聞いてみてください。それでは私の経験談をお話しします。一九八一年カリフォルニアに着いた早々の頃です。夏の日差しを浴びながらなだらかな坂道をアパートに向かって登って歩いていたら、突然に勝手にアイデアがまるで碧空から降ってきたかのように「定義の仕方をどうすればいいか、そうすれば何が言えるか」がそれも自信を持ってはっきりしました。「まさか！」と思い、アパートに着いてからまるで、自分ではない誰かに言われたように定義を書き、証明もすべてそのまますんなりとできたのです。このような経験は私にとっては珍しいことなので驚きました。

この発見は参考書も何もいらない基本的なことで、この分野を多少なりとも知っている学部生なら理解できるようなことですので、少しお話しします。まずは、コホモロジーというものは複体$C^{\cdot}$に対して定義されます。複体とは何かと申しますと、アーベル群の圏の対象としてのアーベル群$\{C^n\}$と準同型写像$\{d^n : C^n \to C^{n+1}\}$の列

$$\cdots\cdots \to C^n \to C^{n+1} \to \cdots\cdots \qquad (1)$$

であって、射の合成がすべての n に対して

$$d^n d^{n-1} = 0 \qquad (2)$$

を満たす。すなわち、条件(2)は、(1)において、d^{n-1} の像 $\mathrm{Im}\, d^{n-1}$ が d^n の核 $\mathrm{Ker}\, d^n$ に含まれることを保証するものです。そこで第 n 番目 C^n の一部分の $\mathrm{Ker}\, d^n$ での部分商

$$H^n(C^{\cdot}) = \mathrm{Ker}\, d^n/\mathrm{Im}\, d^{n-1} \qquad (3)$$

を複体 $C^{\cdot}$ の第 n 番目のコホモロジーと呼びます。

条件(2)が保証されない、すなわち複体とは限らない対象に対して、コホモロジーよりも一般的な不変量は定義できないものかと長い間なんとなく思っていました。そんな一般化された不変量がウア・コホモロジーです。

以前はそれをプリ(前=pre)・コホモロジーといいましたが、このドゥリングに指摘された間違いゆえに呼び方を「前」から「原始」に変えました。この間違いの原因は自分自身から出た偏見そのものです。自己中心的な期待が強すぎたからです。発表する前に然るべき人たちにも(論文のレフリーも含めて)見てもらい、何よりも自分でも確かめ(?!)ましたが、「そうあってほしい」が強すぎて犯した間違いに気がつきませんでした。そこで、ドゥリングに聞いてみました、「どのようにしてこの間違いに気がつかれましたか」と。返事は簡単で「その命題を読んで変だと思った」と言われました。自分自身はコホモロジーに関しては一応ではありますが「勘」が利くほうと思っていたのですが、御粗末ながら、まあこんな情けないことになったわけであります。因みに、トポロジーとか解析学など数学の多くの分野で条件(2)が成り立つ数学上の現象が頻繁にありますが「それは奇跡だ」とドゥリングが話してくれました。

次は二つの複体化函手#と~について書きます。条件(2)を満たすとは限らない任意の対象と射の列

$$S^{\cdot} : \cdots \rightarrow S^n \rightarrow S^{n+1} \rightarrow \cdots$$

において $\phi^{n-1}\phi^{n-2} : S^{n-2} \rightarrow S^n$ を考えます。そのときに、S^n の商対象

$$S^{n\#} = S^n/\mathrm{Im}\,\phi^{n-1}\phi^{n-2} \qquad (4)$$

そして S^n の部分対象

$$S^{n\sim} = \mathrm{Ker}\,\phi^{n+1}\phi^n \qquad (5)$$

から誘導される任意の列 $S^{\cdot} = \{S^n\}$ から得られる商対象の列 $S^{\cdot\#}$ と部分対象の列 $S^{\cdot\sim}$ はどちらも複体になります。この二つが複体化函手#と~の定義です。そのときにそれぞれ(4)と(5)の二つのコホモロジーをとることができて、それが $S^{\cdot}$ のウア・コホモロジー $h^i(S^{\cdot})$ の定義です。というのは、その二つのコホモロジーが同型

$$H^j(S^{\cdot\#}) \approx H^j(S^{\cdot\sim}), \quad j = 1, 2, \cdots \qquad (6)$$

になるという事実があるからです。二つのコホモロジーの同型(6)をウア・コホモロジーの自己双対定理といいます。このような基本的なことを書いておくと読者の中にはこの機会に他のホモロジー的概念、たとえば射影的極限とかいったものに関連をつけて論文に仕上げる人もあるのではと思い書きました。上のは $N=2$ の場合ですが、一般の N 複体化も同じように定義できます。

因みに、世の中にはタイミング良く、または逆にタイミング悪く生まれてきた、ということはあると思います。インド人のラマヌジャンは二〇〇年くらい前に生まれてきたほうがよかったのかもしれません。逆に一八世紀くらいに生まれた人でトポス的・圏論的にしか数学を捉えることができないような人は数学者になるには早く生まれすぎたと言えるでしょう。極端な話ですが、たとえば八〇〇〇年前に生まれた人が現代数

学に最適な脳の持ち主であったら、そんな方はどう人生を見ていたのでしょう。その逆に、中には持てる才能とその時代の進み具合が完璧なマッチングで、この世に生まれてきた人もいるでしょう。

(19) 伊藤清先生については実に面白い経験があります。この偶然の出会いまで伊藤先生とはまったく面識はありませんでした。ロチェスター大学の学生だった頃、ピッツバーグの空港でのことです。日本人らしき紳士が空港ロビーの座席に座っているのに気がつきました。数学を深く長く研究しているとやはり顔に出るのでしょうか、容貌からしてその紳士がまさに数学をしているようでしたので、ご無礼であったとは思いますが、近寄って行って「失礼ですが、数学を研究されておられる方ですか」といきなり聞いてしまいました。驚いたことに、その日本人紳士が伊藤先生だったのです!

(20) 前に書きましたように、高校の国語(英語)の教師である妻に初めて会った頃から英語の発音と表現の仕方を直されましたので、お陰で発音と文法は五年以内にはだいたい正しく使えるようになりました。もう少し申しますと、そんな英語を直される日々が二、三年つづいた頃に「きりがないから、英語を直されるのはもう結構です!」と言ったこともあります。母国語でない言語はやはり正しくともどこか不自然さが残ります。電話に出るとき、しばらく話しているうちにやはり日本語の訛りが少し出ますので電話の向こうではこちらが外国人とわかるらしいのです。私の日本語アクセントを面白いことにイギリス英語と間違えられることがよくあります。たとえば電話に出たときは顔が見えないので「あなたはオックスフォード英語を隠しておられますね」と言われたり、ロンドンの自然史博物館のガードマンと「もうアメリカに行ってから随分と長くなります」と話していたのですが、彼が「*Welcome home!*」すなわち「お帰りなさい!」と言うのです。変だなと思いましたが、彼が勘違いしていると気がついたのは後のことです。どうやら、〈より正しい英語の発音〉+〈日本語アクセント〉は、英国アクセントに近いということでしょうか。

(21)　一九五二年に岩波書店から出版された岩澤先生の『代数函数論』の英訳はアメリカ数学会(AMS)から一九九三年に出版されました。岩澤先生は恐らく木村達雄教授から『代数解析学の基礎』のG. C. Katoによる英訳(これはプリンストン大学出版局から出ました)のことを聞いておられていたのでしょう、それでこの名著の英訳をしないかということになりました。先生が東京に帰られてからも、あの頃ですからエアーメールで東京・カリフォルニア間でこの英訳に関する手紙や小包のやり取りが頻繁にありました。岩澤先生が若いときに書かれた頃から、三五年後の先生の考え方にどんな変化があったのかを見るためにも英訳に対する先生の新たな推敲は興味あるものと思われます。これらはすべて保存してありますので日本数学会の然るべき部署にいつか送らせていただきます。

第2章

(1)　原書は"Récoltes et Semailles"。グロタンディエックの母国語はドイツ語ですが、彼の数学の発表はほとんどすべてがフランス語であったといってもいいでしょう。この大変貴重なエッセイもフランス語です。原文が英語で書かれている場合は英語も読んで確かめるのですが、筆者のフランス語力は大変弱く(丁寧に読んだのは、大学院時代の口頭試験で佐藤の超函数についてのブルバキ・セミナーでのマルティノーによるフランス語の論文くらいです)、このエッセイの内容の理解は翻訳に頼ってのことです。四部からなっており、最初の三部の日本語訳が出版されています。このエッセイについては本書のいろんなところで経験に基づいたコメントを付けました。また、"Grothendieck–Serre Correspondence"(グロタンディエックとセールの往復書簡)という本がAMSから二〇〇四年に出版されています。団塊の世代の私たちが小学校に上がるかどうかくらいのときの一九五五年に、今日大学院で教えられている数学の内容が手紙を通じて既に二人の間で議論されているのです。グロタンディエックには、数学のurformと言うべき原型まで徹底的に掘り下げれば多くの概念が統一的に理解でき、証明は手の込んだ技法が必要でない自然で淡々としたものになるといった信念があり、その実行に数多く成功しました。そのようにドゥリングも話しています。

（2） Robin Hartshorne, Algebraic Geometry, p. 452も参照してください。

（3） この時代のヴェイユ予想に関するコホモロジー論者なら誰もが知っているグロタンディエックとルブキンの〝いざこざ〟をより透明なものとするためにも気がついたことをここに少し書いてみます。

『岩波数学辞典(第2版)』日本数学会編集の八四三ページにこうあります。

　エタール・コホモロジーによる表現。一方A. *Grothendieck*及びそのグループの数学者たち、とくに*S. Lubkin*は、一般に成立する次の公式を得たという([24])…

そして、文献[24]というのはOn a conjecture of André Weil, Mimeographed notes, Oxford, 1963. のことです。この『岩波数学辞典』第2版が出版されたのは一九六八年の六月です。そして、その公式というのは、標数が素数の体上に定義された代数多様体Xのヴェイユの(合同)ゼータ函数というものはフロベニウス射が(l-進)コホモロジー群に誘導される準同型写像で決まる逆特性方程式の有理函数として書ける公式と函数方程式です。一方、グロタンディエックのこの部分の証明は一九六五年にブルバキ・セミナー279に出版されました。そのような代数多様体Xに対して、代数的に定義されたコホモロジー理論H_X^*を作り、それを歴代の古典的なコホモロジー論と比べたとき、然るべき場合は上手く一致するような不変量であれば、H_X^*にはXに対する数論的な情報のすべてが含まれているという不変量です。

　この二人の間の論争の背景については一応知ってはいましたが、年代を意識して書いたのは今回が初めてです。Zeta-functions: An Introduction to Algebraic Geometry, Research Notes in Mathematics, Pitman

Publishing(1977)には、その前書きもヴェイユ予想について次のようにあります(この日本語訳は私の訳です)。

……ドゥワルクは解析学の方法で、これら予想の最初のものを一九六〇年に証明し、そして、まだ証明されていない定理を参照してではあるが一九六二年ルブキンはある条件下コホモロジー的にすべての予想(リーマン仮説を除く)を証明した。

とあります。上の「ある条件下」というのが持ち上げ可能の条件、英語の *liftable* です。第1章の注(7)を参照。最後のヴェイユ-リーマン仮説が証明された後に出版された『岩波数学辞典(第3版)』日本数学会編集の五四六ページも参照してください。

(4) 科学者の美しくない面であるところの優先課題 priority issue ですが、レベルの高いものでは、このヴェイユ予想とか、リーマン-ヒルベルト対応、少し古くは素数定理の初等的な証明などでしょうが、小規模でレベルの低いものまでいろいろあります。ですから、私も経験しております。

(5) 代数幾何学の歴史的な面はEGAにおけるグロタンディエックの協力者でもあるデュドネによる History of Algebraic Geometry, by J. Dieudonne, Wadsworth, 1985. を参照してくださっても結構です。ヴェイユ先生は『数学の創造』の一七六ページで、ヴェイユ予想の中でリーマン仮説でない部分の仕事をした数学者の名として、「グロタンディエック、アルティン、ルブキン」の三人を挙げています。そしてもう一冊は一般向けの本で、The Music of the Primes by Marcus du Sautoy という本があります(日本語訳は新潮社から『素数の音楽』(冨永星訳)という題で出ています)。デュ・ソートイの本では古典的なリーマン仮説のほうが主ではありますが、本の終わり部分に合同ゼータ函数に関するヴェイユ予想に関わった数学者と歴史が魅力的に書いてあります。

(6) Reminiscences of Grothendieck and his school, Notices of the AMS, Vol. 57, No. 9, Oct. 2010, p. 1114 を見てください。

(7) この一五〇ページの大論文は Annals of Mathematics (1968) から、その長さゆえに二部にわけて出版されました。広中平祐先生の標数ゼロの体上の代数多様体の特異点解消の大論文もやはり Annals of Mathematics (1964) からの出版で二〇〇ページを超えるものです。

(8) 読まずに済む宿題であっても小学校からの個人的な伝統というか癖で宿題はしませんでした。成績が悪いのに人に指図されるのは苦手です。例を挙げますと、中学二年生のときだと思いますが、図工の先生に今日締め切りの宿題を出さないと成績を「1」にすると脅されました。私の返事はこうでした、「今日も野球の練習があるから無理です」。そうしたら、結局は「2」をいただきました。心の害になるようなうんざりする宿題をしなくてよかったと今でも思っています。

(9) セミナーを始めたのはロチェスターに着いて二年後の頃です。一九六七年四月から六八年にかけて東京大学でおこなわれた小松彦三郎教授による講義に基づく東大数学教室セミナー・ノート22「佐藤の超函数と定数係数線形偏微分方程式」のなかのある結果を極端に一般化したものです。この講義には、佐藤幹夫先生の壮大なヴィジョンに基づく一大分野、後に世界を動かした超局所解析学(代数解析学)を築き上げた河合隆裕・柏原正樹両先生が学生として出席していたという日本数学史上意義深いものです。解析学の分野でホモロジー代数から始まり、層のコホモロジーと進めていく講義はその頃まだ珍しいものでした。しかし、どんなコホモロジー論をやっても、ホモロジー代数学の基本概念である導来函手として捉えなければ結局は煮え切らない思いが残ります。その「煮え切らなさ」を解決するのがスペクトラル系列であり、導来圏の考え方でしょう。この辺のところは『コホモロジーのこころ』(岩波書店)で他の本より丁寧に書きましたので読んでいただければ幸いです。

（10） Arbarello, Cornalba, Griffiths, Harris, Geometry of Algebraic Curves, I, Chap. VI, D. Prill's Problems, p. 268 を参照してください。

（11） Notices of the AMS, 2004, Vol. 51, No. 9, p. 1044 をご覧ください。

（12） その頃（今でも同じかもしれません）アメリカの東部のほとんどの大学の博士課程では、コースワーク、筆記試験（qualifying exam）、口頭試験（oral exam）、それに加えて外国語二つ、そして最後に博士論文（Ph. D. Thesis）を書き上げ、それをディフェンス（審査、口頭試問）することが要求されました。外国語として、日本語をその一つと認めるように交渉し、オーケーとなりました。もう一つはドイツ語を選びましたが、最初のドイツ語の試験はパスせず、これもまた、二度目でやっとパスしました。

あとがき

熱が出るといつも同じ夢を見ました。全体像が見えないほどの大きな球形の泡があり、その泡から離れようとする小さな泡。その小さな泡が何度も離れようとするのですが、そのたびに物凄く不安な気持ちになるのです。この悪夢のような夢は中学校の三年までつづいたと思いますが、二〇歳頃にはその夢はもう見なくなっていたことに気がついておりました。この夢は私が生まれるときに関係しているのかもしれません。

と申しますのは、五キログラムほどの大きな赤ちゃんとして生まれてくるときには逆児でした。辛うじて命をつなぐことができて今にいたっているのは間違いないのですが、呼吸することなくこの世に生まれてきたときに大脳が酸欠でダメージを受けてしまい、その結果ゲルシュトマン症候群という実にタチの悪い症候群と一生付き合わねばならないハンディキャップを負うことになりました。

高校生の二、三年くらいまでは一字一字は読めるのですが、文章としてはその意味がなかなか摑めませんでした。大袈裟に言えば、この世の最初のゼロ歩が命拾いの最大の節目でした。小学校の同級生が楽しそうに漫画を読んでいるのがその頃羨ましかったものです。そして、授業中に先生に指されて教科書を読まされる恐怖心が長い間つづきましたし、今もあります。運悪く私が先生に指されたときに滑稽な読み方をしてみんなをわざと笑わせていたのはクラスメートの関心をそらすためであって、隠していた弱み「読むことができなかった」のがバレないようにしたかったからでした。

そんな私でしたが、人生はどんでん返しです。ルブキン教授という二〇歳そこそこでハーバード大学から博士号 Ph. D. を取り、二三歳でヴェイユ予想(リーマン仮説を除く)を証明した数学者、広中平祐先生のお言葉をお借りするなら、天才的数学者、その下で指導を受けたのは、この愛知県三河出身の田舎者です。ルブキン先生の下、やっとこさの思いで博士号を得て今ではカリフォルニア州立工芸大学で教鞭を執っているというのですから、ほんとうに人生はまさかです。

生活の状態に変化があったとき、すなわち生き方の状態yというものが変わったときは、その変化の率としての微分がゼロでないときです。その微分dy/dtが負ならば右肩下がりで、上手くいっていないときに相当し、逆に微分dy/dtが正ならば右肩上がりであり事態が上向きにいっているときと解釈できます。劇的な変化のあった米国での半世紀というものは、その二次微分dy^2/dt^2(すなわち加速)もゼロではないドラマのある日々でした。ニュートン力学のように「仕合わせ度力学」もこの加速で決まるものであって、たとえ上手くいっていない右肩下がりのときでも、第二微分さえ正ならば未来に夢・希望が持てます。そんなときはそれまでの標準が変わるとき、パラダイムにシフトが起こりうるときです。

今日、明日の命もわからないような戦争を生き抜いた我々の先輩の方々には、私たちのような平和時に生きた者に比べてそういったパラダイムにシフトが起こりうる経験がより多かったのでしょう。本当に厳しい切羽詰まったときには、量子的ジャンプのような不連続な変化さえも起こりうるのかもしれません。

書くには及ばないことだから書かなかったこと、または他の方々に迷惑になりうるから書けなかったことなど、それはこの本にもあります。意識的にも無意識的にも自分をよりよく見せようとするのは(私も含めて)人の心の小ささからくるのでしょう。再度はっきりと申し上げますが、立派な業績ある方々の本は別物であり、あくまでも凡人による凡人のための記録です。少しの恥ずかしさは伴いましたが、かなり正直に書けたと思います。

一九七二年の春に米国にジャンボジェットで着地して以来、人に嫌われたとか、悪いほうの人種差別を受けたとか、意地悪をされたとかの経験は思い当たりません。その理由の一つとして、大した男ではないために私の存在が他人に対して脅威(threat)にはならなかったからと言えるでしょう。それと、性格として単純で鈍感であることもひょっとして原因なのかもしれません。

現在に至るまでの一本道に微妙な調整、すなわち、ファイン・トゥーニング(fine tuning)と言われるものは誰にでもあります。ファイン・トゥーニングとは、「偶然という傘の下で数回の分岐点において進むべきは右左か上下かというときに、デリケートにその一つを選んできたからこそ各々が今に至った」というような意味です。

筑摩書房から出ていた『偉大な数学者たち』(中学生全集16、一九五〇年)という本を中三のときに偶然図書館で見つけました。この本の初めのページに偉大な数学者の大きな写真があります。それを見て一五歳の劣等生に「数学者になりたい」という夢が生まれました。ガウスなどの数学者が実に深い意味のありそうな顔つきをしているからです。

お話ししたように悪戦苦闘の末に米国で博士号が取れました。分野は代数幾何学で博士論文はルブキン教授の下での p-進コホモロジーによる楕円曲線族のゼータ行列についてでしたが、それは一悶着も二悶着もあった末のことです。

その後、大学に勤めていても自分自身を数学者とみなすことができませんでした。ところが、私が三八歳の頃にプリンストン高等研究所を訪問していたときです。ある大数学者から「*Kato* は数学者です(*Kato is a mathematician.*)」と人に紹介していただきました。私の「数学者としての洗礼式」であるかのようなこの言葉をいただいて以来(そういった大切なことを自分自身で潔く決められず情けない決め方とも言えますが……)、その言葉を真に受けよう、とそのときは潔く「己《オレ》は自分を数学者とみなす」と決めました。それはまた、中学生からの憧れ中の憧れであった「数学者になりたい」という夢が二五年後に叶ったときでもありました。これが叶えば十分で、自分をこの世で仕合わせ者とみなすことができます。もしもヴェイユ先生から、この同じ言葉をいただいてもやはり私は潔く「真に受けよう」と決められるでしょう。

このように一五歳のときからの「数学者になりたい」という無謀な強い悲願が奇跡に近い確率で

叶ってしまった私にとって、これ以外の仕合せは人生のおまけです。数学への道(未知)を進むにあたり、日本を出、侵入先がアメリカだったというのが正解だったと思います。筆者のタイプでは欧州の国ではダメだったでしょうし、人情深い日本ならもっとダメであったかもしれません。そしてもう一つ、ルブキン先生と出会えたことです。誰よりも数学者 Professor Saul Lubkin が我が師であったことが私には肝腎要であったと思います。

特に米国に来てからの日々の要約は、危機一髪における予想外の力という意味での《*deus ex machina*《デウス・エッキス・マキーナ》》です。ひょっとして《*Mephistopheles*《メフィストフェレス》》の関与があったのかもしれません。どういう風の吹き回しか、縁もゆかりもない一人一人が巡り巡って突然の出会いが生まれ、そしてそんな人がなくてはならない存在となったりします。自己満足している若者には大望はないですが、自己満足できない年配者も寂しくて情けないのかもしれません。ここまで書いてきて「三河のこんな盆暗の己にしては……」と結論し、仄かな満足感を覚えつつ……、筆をおきます。

最後に、内容に関して多くの助言や支援をしてくださいました岩波書店編集部の吉田宇一さんに感謝申し上げます。

影踏みを一人遊んで懐かしや寺の月夜の盆踊り

(不時火水)

【付録】 コホモロジー代数学の小史

この機会に少しコホモロジー代数学の歴史に触れます．今でも大切な H. Cartan and S. Eilenberg の Homological Algebra が出版されたのは 1956 年です．H. カルタンは多変数複素解析函数論のカルタンです．専門的な数学史を書こうと思うならヒルベルトの *syzygy*（シザジーが英語に近い発音ですがドイツ語では知りません）まで遡らなければならないでしょう．より幾何学的なトポロジーのほうに目を向ければ，リーマンのイタリア滞在中の影響を受けたベッチとかポアンカレーの仕事から本格的な歴史を深く読まなければなりませんが，ここは極端に個人的な見方を書きます．佐藤幹夫先生が D 加群 M という概念を 1950 年代の終わり頃導入されましたが，これは M を複体 $D^{\cdot}$ で置き換えるという捉え方で，もうすでに導来圏の芽生えがそこに見えます．ここでは代数幾何学と（代数）解析学関係のことを自我流に書きます．

因みに，アンリ・カルタンに多変数複素解析函数論への道を勧めたのはアンドレ・ヴェイユ先生というのですから面白いものです．それは 1930 年頃のことです（Notices of the AMS, Vol. 46, No. 6, June / July 1999, 634 ページ参照）．フランス学派によるその後の J.-P. セールの *FAC*（代数的連接層）とかグロタンディエックの遥かな拡大はカルタン・セミナーが引き金となったといってもいいでしょう．また，ヴェイユ先生は若い頃に多変数複素函数論で擬凸領域に対するコーシー積分の拡張に成功しており，多変数複素函数論の本家である岡潔先生からその発見は「かなりの間なくてはならぬ役割を果たした」というお言葉をいただいたとヴェイユ先生は自伝の中に書いておられます．

カルタンはセールと共に層のコホモロジーという理論で岡潔の仕事を

一般化して，定理$(A\ and)B$で置き換えたと考えられます．これが有名な1950年前後のカルタン・セミナーです．定理$(A\ and)B$はセールにとってもグロタンディエックにとっても，代数幾何学に向かう前は中心的な存在であったように思われます．グロタンディエックとセールの1955年の文通からもそれがわかります(Grothendieck–Serre Correspondence, AMS, 2004, pages 13–18)．このカルタン・セール の定理Bと呼ばれている大定理ですが，その定理(その特殊な場合)に関するものを記号で書けば，$i = 1, 2, \cdots$に対して

$$H^i(X,\ \mathcal{O}_X) = 0 \qquad \text{(C–S)}$$

空間Xがある条件を満たしたときには高次元のコホモロジーが消えるというのですが，これは良い記号です．もっと言うならば，これら六つの概念の微妙な関係を表したのがこの定理の意味です．すなわち，

(1) Hはコホモロジーをとるということ，

(2) iはそのコホモロジーのi番目のものということ，$i>0$,

(3) Xは空間のこと，

(4) $\mathcal{O}_X$はX上の解析函数の層で，そしてもう一つは

(5) 空間Xと層$\mathcal{O}_X$を囲むかっこ$(X,\ \mathcal{O}_X)$でX上の層$\mathcal{O}_X$の切断の集合で，最後の

(6) 右辺の0です．

そして，定理の主張はこれら五つが関係してゼロになるというのです．(1)と(2)はコホモロジー代数的な概念で，(3)と(4)は空間と層に関することですが米田の補題により空間も層の仲間に入れることができます．それで$(X,\ \mathcal{O}_X)$は層間の射と見なせます．すなわち，式(C–S)は上に掲げた(1)から(6)すべてがトポロジーと硬い層$\mathcal{O}_X$をX上で関係づける深遠な定理です．肘の周りにふんだんの余裕を持たせる(lots of elbow room!)理論を作れば(C–S)はトポス導来圏の射の集まり

$$RHom_{(topos)}(X,\ \mathcal{O}_X)$$

といった表現にもなります．空間(サイト)を層圏(トポス)にみなすこと，これが米田の補題であり米田埋め込みです．

グロタンディエックの代数幾何学の影響を受けて多変数複素解析函数論は複素解析空間論へと大きく発展し，グロタンディエック流の代数幾何学への繋がりも透明感を増しました．Miscellanea Mathematica という本が Springer-Verlag から 1991 年に出版されており，そこにはヴェイユ，セールを始め多くの記事があり，その中に *H.* グラウエルト(H. Grauert) の論文で The Methods of the Theory of Functions of Several Complex Variables というのがあります．このような権威者による論文は大変ありがたくて，実に興味のあるものです．

層のコホモロジー論のバックグラウンドとなるのが先ほどの(ルブキン先生の学部時代の先生でもある)アイレンベルグとカルタン共著 Homological Algebra でしょう．グロタンディエックの[Tohoku]も，R. ゴデモンの著書もだいたい同じ頃に書かれました．ヴェイユ予想に誘導されてグロタンディエックは導来圏とかトポスの考え方を導入しました．一方で代数解析学のほうでは Mikio Sato(佐藤幹夫)もその頃に導来圏に相当するもの，そして層の双対コホモロジーをハイパーファンクション(theory of hyperfunctions II)の理論に展開されています．またグロタンディエックも層の双対コホモロジーを同じ頃に導入していますから，歴史的に見ても興味ある一致です．

カルタン，アイレンベルグ，グロタンディエック，そしてゴデモンに比べてインパクトは小さいと思いますが，その後のホモロジー代数学の書籍としては 1971 年には P. Hilton and U. Stammbach, A Course of Homological Algebra, 1986 年には B. Iversen, Cohomology of Sheaves, 1996 年には S. I. Gelfand and Y. I. Manin, Methods of Homological Alge-

bra，1994 年には C. A. Weibel, An Introduction to Homological Algebra があります．自分の本を挙げるのは無作法でしょうが一応，2006 年 G. C. Kato, The Heart of Cohomology と 2003 年の『コホモロジーのこころ』も書いておきましょう．

層の理論とコホモロジー代数学の繋がりというものは，層の圏からアーベル群の圏への函手として定義される大域的切断函手が一般的には左完全というところが一つの要石でしょう．この左完全函手を $\Gamma(V,\ -)$ と書くのですが,「－」のところに層 F を代入するのです．そのときに $\Gamma(V,\ -)$ が完全函手になるような層 I の複体 $I^{\cdot}$ でその F を分解して複体 $\Gamma(V,\ I^{\cdot})$ を得ます．この複体 $\Gamma(V,\ I^{\cdot})$ のコホモロジー

$$H^j(\Gamma(V,\ I^{\cdot}))$$

は $I^{\cdot}$ の選び方によらないという大切な性質があります．この j 番目コホモロジーの $H^j(\Gamma(V,\ I^{\cdot}))$ が $\Gamma(V,\ -)$ の F における j 次導来函手 (derived functor) $R^j\,\Gamma(V,\ F)$ の定義です．そのとき F が一つの層ではなく複体 $F^{\cdot}$ であれば超導来函手 (hyperderived functors) になります．コホモロジーを取らずにそのまま複体にしておくのが導来圏 derived category の概念です．導来圏という概念はお話ししましたように 1960 年前後に佐藤幹夫とグロタンディエックによって与えられました．1940 年代，第二次世界大戦 (WWII) 中に層の概念は岡潔とルレーによって発見されました．ルレーはまたスペクトラル系列 (spectral sequence) という導来圏に直接関係した方法も発見しています．どんな形でもコホモロジーをやるのでしたら導来函手と捉えるしかないように思われます．導来圏を含めてのこれら一式をまとめた見方が必要でしょう．この辺のところを詳しく書いた『コホモロジーのこころ』を見てくだされば幸いです．

コホモロジーの統一したヴィジョンというのがあります．圏 C の対

象Xを函手Xと見よ，というのは「米田の禅」の捉え方です．これはどういうことかと申しますと，米田函手～は埋め込みであり，Xを函手の圏$\hat{C}$の対象

$$X^{\sim} = Hom_C(-,\ X)$$

へと運び，函手というものはCのすべての対象Yでの“値”で決まりますから，この場合はXへの射で決まるわけです．

$$X^{\sim}(Y) = Hom_C(Y,\ X)$$

これを良い意味での横着をして$X(Y)$とみなします．その意味で，先ほど対象Xを函手Xと思えと言ったのです．すなわち，函手というものはすべての対象での値で特徴づけられるという意味での$X(Y)$は圏Cの対象Xへの射でXが決まるということです．たとえば，最終対象をTとしたときに，層Xの大域切断は$X(T)$です．最終対象の定義から唯一の射$\sigma_X : X \to T$が常に存在します．では，大域切断$X(T)$の“元”は上で話したように射$f : T \to X$です．二つの射の合成$\sigma_X f$ は$T \to T$です．これは常にただ一つのみ存在し$\sigma_T = 1_T$ですから，$\sigma_X f$ は1_Tです．すなわち，$f : T \to X$は古典的な大域切断のことです．あるトポロジーの下で層X係数の函手$\Gamma(T,\ -)$の導来函手$R^i(T,\ X)$が出てきます．いっそのこと，常に複体と見なすといった見方をすれば，トポス導来圏としての$\boldsymbol{R}Hom(T,\ X)$と見ることもできますから，もっと統一した見方もできます．また$f : T \to X$のUへの制限は$\sigma_U : U \to T$と$f : T \to X$を合成した$f\sigma_U : U \to X$と定義できます．

いくら小史といえども，これではお話にならないと思われそうなので，もう少しだけつづけます．第一次世界大戦(WWI)のフランス数学界への打撃は命取りでしたが，WWII後は層とスペクトラル系列についてのルレーによる講義が私たち団塊の世代が生まれた頃1947，1948年にあり，バトンは翌年H.カルタン・セミナーに繋がれて層係数のコホモロ

ジーへと発展して，セールも加わってやがてはドゥリングも読んだ先ほどのゴデモンの教科書へと収束したわけです．この頃グロタンディエックは米国のカンザス州でカルタン・セミナーについていけなかった屈辱から飛躍して大空へ！　この辺のフランスの数学文化史における一寸違わずのバトンタッチは何を語っているのでしょうか．いずれにせよ，フランスにおける連綿たる数学文化に果たしたH. カルタンの役割というものはいくら高く評価してもしすぎることはないように思われます．

$F:A\to B$，$G:B\to C$ という二つの左完全な函手に対して，単射的対象 I に対して FI が G に対して $R^jG(FI)=0$，$j>0$ のように振る舞うときに，グロタンディエックのスペクトラル，またはドゥリングもルブキン先生も函手合成のスペクトラル(spectral sequence of composite functors)と呼んでいる使い道の多い

$$E_2^{p,q}=R^pG(R^qF)$$

が誘導されて $R^n(GF)$ へ収束というのが一般のアーベル圏 A，B，C に対して導き出されます．このスペクトラル系列にはお世話になりました．

一般のアーベル圏では対象の元が取れないので証明は結構面倒になることがあります．そこで現れたのがコロンビア大学1年生の18歳の青年によってなされた，元を取って可換図を走り回ることを正当化できる埋め込み定理の発表です．その青年の名はS. ルブキン．我が師です．

この後，まずは一つの対象から複体へという動き，そして米田補題と米田の埋め込み定理によるサイトからトポスへの米田の禅の下では，結局のところコホモロジー代数は層間の射 $F(G)$ と睨めっこしておればかなり多くのことが見えてくるということでしょう．非常に大切なドゥ・ラム・コホモロジーを始め，まだまだお話ししたいことはありますが，これでコホモロジー代数学の小史を終わりにします．より詳しい数学的なことは『コホモロジーのこころ』を見てください．

加藤五郎
1948年愛知県刈谷市生まれ．1972年ウェスト・ヴァージニア大学に国際ロータリー財団奨学生として留学．1979年米国ロチェスター大学大学院博士課程数学専攻修了．Ph. D. 取得．2018年カリフォルニア州立工芸大学退職．現在，同大学名誉教授．主要著作に，『コホモロジーのこころ』(岩波書店)，“The Heart of Cohomology”(Springer)，“Elements of Temporal Topos”(Abramis Academic, arima publishing)，“Fundamentals of Algebraic Microlocal Analysis” (Daniele C. Struppa と共著, CRC Press, Taylor & Francis Group)ほか．

運命を変えた大数学者のドアノック
——プリンストンの奇跡

2019年1月18日　第1刷発行

著　者　加藤五郎《かとうごろう》

発行者　岡本　厚

発行所　株式会社 岩波書店
〒101-8002 東京都千代田区一ツ橋 2-5-5
電話案内 03-5210-4000
http://www.iwanami.co.jp/

印刷・法令印刷　カバー・半七印刷　製本・牧製本

ISBN 978-4-00-005086-9　　Printed in Japan